FOOD MICROBIAL EXPERIMENT
FOR HACCP APPLICATION

HACCP 적용을 위한
식품미생물 실험

FOOD MICROBIAL
EXPERIMENT
FOR HACCP APPLICATION

HACCP 적용을 위한

식품미생물 실험

정동선 · 김수연 · 오영지 지음

교문사

최근 식품안전에 대한 소비자의 요구가 증대함에 따라 정부에서는 식품위생법의 대폭 개정과 식품산업에서의 HACCP 의무 적용 범위를 확대하고, 식품 관련 기업에서는 식품안전센터의 신설 및 운영을 확대하고 있다. 식품안전을 위협하는 주요 위해요인인 미생물에 대한 이해와 분석능력을 갖춘 인력의 수요도 증가하고 있으며, 식품미생물 분석법의 발전과 더불어 신속분석 방법이 다양하게 개발되어 보급되고 있다. 따라서 식품위생법의 개정과 새로운 분석법 및 분석 도구를 활용한 실험방법을 소개하여 대학의 식품관련 전공 학생뿐만 아니라, 식품산업 현장에서 식품안전을 책임지고 있는 업무 담당자들에게도 도움이 될 수 있는 '식품미생물학 실험서'의 필요성이 커지고 있다고 판단하여 저자들은 그동안의 강의 자료와 경험을 바탕으로 HACCP 적용을 위한 미생물 실험의 기초와 응용을 다룬 《HACCP 적용을 위한 식품미생물 실험》을 집필하게 되었다.

본 실험서는 식품산업 현장에서 눈에 보이지 않는 미생물을 취급하기 위해 필요한 미생물실험의 기초기술을 소개한 1부와 식품에서의 미생물분석법을 다룬 2부로 구성되어 있다. 1부에서는 미생물의 분리와 배양, 확인을 위한 현미경 검경법과 그람염색법 등을 다루었다. 2부에서는 식품 검체의 취급 및 시험용액 제조, 신선도 및 품질관리를 위한 세균 수 및 진균 검사법, 식품위생 지표균으로서의 대장균과 대장균군의 정량 및 정성검사법을 모두 제시하였으며, 위해미생물인 주요 식중독균 시험법은 식품공전에 제시되어 있는 방법과 식품산업 현장에서 많이 사용되고 있는 신속검출 키트를 이용한 분석법을 동시에 제시하였다. 또한, HACCP 적용을 위한 선행요건인 식품위생검사 부분을 포함하고 있다. 특히 각 단원별로 제시된 실험마다 목적과 이론적 배경 및 원리를 제시하고, 본문 내용과 함께 한눈에 쉽게 볼 수 있는 실험 전개도와 사진을 수록하였다.

그럼에도 불구하고 본서에 위해미생물 종류 및 신속검출 분석법을 다양하게 수록하지 못한 점이 아쉬우나, 향후 미생물 분석 기술의 발전을 지속적으로 보완 보충할 수 있기를 바라

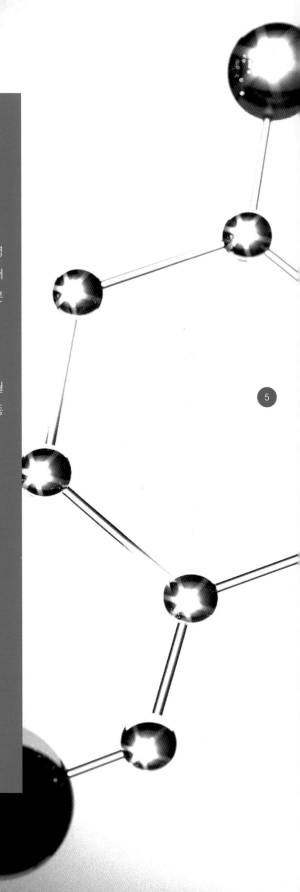

며, 이 책에 수록된 사진과 도해 작업에 많은 도움을 준 박선영 님과 정다훈 님에게 감사를 표한다. 끝으로 이 책의 출판을 위해 많은 노고를 아끼지 않으신 교문사 류원식 대표님과 직원 여러분 께 감사드린다.

2019년 2월
저자 일동

5

PART 1

HACCP 적용을 위한
미생물 실험의 기초

미생물 실험을 시작하며

연구실 안전법(연구실 안전환경 조성에 관한 법률)의 이해

최근 국내 과학기술 분야의 대학과 연구기관의 연구실 등에서 각종 사고로 인한 인명과 물적 피해가 매년 증가함에 따라 정부에서 '연구실 안전환경 조성에 관한 법률'을 제정하고, 동법 시행령 및 시행규칙에 의거 연구실 사고 예방 및 안전의식 강화를 위한 연구활동 종사자에 대한 연구실 안전교육을 의무적으로 실시하도록 규정하고 있다.

○ 연구실 안전환경 조성에 관한 법률

정부(미래창조과학부)는 대학이나 연구기관 등에 설치된 과학기술분야 연구실의 안전을 확보함과 동시에 연구실 사고로 인한 피해를 적절하게 보상받을 수 있도록 함으로써 연구자원을 효율적으로 관리하고 나아가 과학기술 연구·개발 활동 활성화에 기여함을 목적으로 2006년부터 '연구실 안전환경 조성에 관한 법률'을 제정하여 운용하고 있다. 이 법률은 25개 조문으로 구성된 법, 18개 조문으로 된 시행령 그리고 10개 조문으로 된 시행규칙으로 구성되어 있다.

○ 적용 대상

연구활동 종사자 10인 이상의 과학기술 분야 대학과 연구기관 연구실에 대하여 적용하며, 연구활동 종사자의 범위는 대학·연구기관 등에서 과학기술분야 연구·개발활동에 종사하는 연구원, 대학생, 대학원생 및 연구보조원 등을 말한다. 연구실이라 함은 대학·연구기관 등이 과학기술분야 연구·개발 활동을 위하여 시설, 장비, 연구재료 등을 갖추어 설치한 실험실, 실습실, 실험준비실을 말한다.

○ 연구활동 종사자의 의무

연구활동 종사자는 연구실안전법 제18조(교육·훈련 등)에서 정하는 연구실 안전관리 및 재해예방을 위한 각종 기준과 규범 등을 준수하고 연구실 안전 환경 증진활동에 적극 참여해야 하고, 교육, 훈련을 이수해야 한다.

① 안전교육센터 홈페이지(www.safety.go.kr)에 접속하여 교육을 이수하고, 이수증명서를 발급받아야 한다.

② 연구활동 종사자는 2시간 이상(연구·개발 활동 참여 후 3개월 이내)의 교육을 이수해야 한다.

③ 연구실 안전환경 조성에 관한 법률에 의거하여 모든 연구자(학생 포함)는 매 학기 실험실 안전교육을 이수해야 한다.

○ 실험실 안전교육의 주요 내용

연구실 안전환경 조성 법령에 관한 사항, 연구실 유해인자에 관한 사항, 보호 장비 및 안전장치 취급과 사용에 관한 사항, 연구실 사고 사례 및 사고 예방 대책에 관한 사항, 안전표지에 관한 사항, 물질안전 보건자료에 관한 사항, 사전 유해인자 위험분석에 관한 사항, 그 밖에 연구실 안전관리에 관한 사항 등이다.

1. 미생물 실험에서의 안전 수칙과 보고서 작성

미생물 실험실에서는 살아있는 미생물을 취급하기 때문에 모든 실험 과정은 무균 상태에서 수행되어야 하며, 동시에 시험 과정 중의 교차오염을 방지하기 위해 실험실 환경은 항상 청결을 유지해야 한다. 또한 실험실에서 사용하는 모든 미생물은 잠재적 병원성을 지닌 것으로 간주해야 하며, 미생물 취급자는 반드시 미생물의 살균 및 멸균 방법을 숙지하고 있어야 한다.

1) 안전사고 방지

① 오염 방지를 위해 실험복을 착용하고, 긴 머리는 단정하게 묶어 화염에 노출되지 않도록 한다.

② 실험실에서 음식물을 먹거나 마시지 않는다.

③ 가급적 슬리퍼 착용을 피한다.

④ 실험대 위에 의복, 책, 가방 등을 올려놓지 않는다.

⑤ 찰과상 등의 사고 발생 시 즉각 실험 조교 및 교수에게 알린다.

2) 생물 안전 수칙

① 실험 직전에 실험대는 70% 에탄올을 분무하여 소독한다.

② 감염성 미생물은 일회용 멸균 장갑을 착용하여 취급하고, 사용 후에는 멸균 봉지에 모아 폐기 처리해야 한다.

③ 미생물 배양액을 유출하였을 경우, 반드시 살균 제제를 뿌려 살균처리하고 종이타월로 닦아낸다.

④ 실험 종료 후에는 손세정제를 사용하여 손을 씻는다.

⑤ 사용한 기구나 재료 등은 이물질이 없도록 깨끗이 세척하고, 백금이와 도말봉은 화염멸균 처리를 하여 제자리에 둔다.

⑥ 미생물을 사용한 도구(백금이(loop), 피펫(pipette), 피펫팁(pipette tip) 등)를 실험대 위에 방치하지 않는다.

⑦ **실험 폐기물의 처리**: 실험을 종료한 다음에는 사용한 일회용품(미생물 배양접시, 피펫, 피펫팁 등)은 고압증기멸균기(autoclave)로 멸균 처리하여 폐기하거나 폐기물 전용 봉지 또는 지정된 분리수거함에 모아 전문업체에서 처리한다.

⑧ 배양된 미생물은 허락 없이 외부로 함부로 반출해서는 안 된다.

3) 식품미생물 실험보고서 작성 요령

미생물 실험을 마친 후에는 다음의 내용을 포함한 보고서를 작성해야 한다.

① 실험 또는 검사의 제목과 검사 일자를 기재할 것

② 실험 또는 검사 목적을 제시할 것

③ 사용된 미생물 명칭과 실험 방법을 간단한 설명을 포함하여 작성할 것

④ 실험 결과를 도표 또는 그림으로 정리하여 작성할 것

⑤ 실험 결과로부터 도출된 결론을 제시할 것

2. 미생물 실험을 위한 기구와 도구

1) 미생물 배지 제조 및 멸균을 위한 기기 및 도구

고압증기멸균기(autoclave), 여과 멸균기(filter sterifizer), 가열자석교반기(magnetic stirrer & hot plate), 볼텍스 믹서(vortex mixer), 저울(chemical balance), 정량분주기(dispenser), 멸균배양접시(sterile petri dish), 피펫(pipette), 피펫팁(pipette tip)

① **초자기구**: 배지병(media bottle), 삼각플라스크(erlenmeyer flask), 비커(beaker), 시험관(test tube)

② **기타**: 시약 스푼(spatula), 칭량접시(weighing dish)

2) 미생물 접종과 분리를 위한 기기 및 도구

무균작업대(clean bench), 알코올램프(alcohol lamp), 분젠 버너(Bunsen burner), 도말봉(spreader), 백금이(loop), 백금선(needle), 마이크로 피펫(micropipette), 피펫팁(pipette tip)

3) 미생물 배양을 위한 기기 및 도구

항온배양기(incubator), 진탕배양기(shaking incubator), 이산화탄소 항온배양기(CO_2 incubator), 혐기성 균배양조(anaerobic jar)

4) 미생물 관찰을 위한 기기 및 도구

광학 현미경(optical microscope), 디지털 현미경(digital microscope), 혈구계수기(hematocytometer), 슬라이드 글라스(slide glass), 커버 글라스(cover glass)

5) 식품 중 미생물 분석을 위한 시험용액 제조를 위한 기기 및 도구

스토마커(stomacher), 믹서(mixer), 호모게나이저(homogenizer)

6) 미생물 보관을 위한 기구 및 도구

냉장고(cold chamber), 냉동고(freezer), 초저온 냉동고(deep freezer, -80℃)

7) 기타 기기 및 도구

실험 폐기물 봉투, 알코올 분무기(70% ethanol), 종이 타월(paper towel)

3. 미생물 실험을 위한 멸균법

미생물 실험을 행할 때 목적하는 미생물만 순수배양하기 위해서는 미생물 조작에 사용하는 모든 기구와 배지 등을 멸균하고, 실험 과정 중에는 무균적인 조작

(aseptic technique)을 통해 외부의 오염균이 혼입하는 것을 방지해야 한다.

1) 멸균의 정의

멸균(sterilization)이란 바이러스를 포함한 모든 살아있는 미생물과 내성이 가장 강한 포자(spore)를 파괴하거나 제거하는 공정을 말하며, 멸균과정을 거친 물질은 무균 상태이다. 반면에 소독(disinfection)은 영양세포인 병원균은 파괴할 수 있지만 세균의 내생포자는 파괴하지 못하는 화학제제나 물리적 공정을 말한다.

(1) 미생물 실험에서 많이 사용되는 멸균법의 종류

① **건열 멸균**: 화염멸균(flaming sterilization)

가장 확실하고 신속한 멸균 방법으로, 분젠 버너 또는 알코올램프와 같이 그을음이 없는 불꽃 중에서 직접 살균하는 방법이다. 백금이, 핀셋 또는 시험관 입구를 즉각적으로 멸균하는 데 이용된다.

② **습열 멸균**: 고압증기멸균(autoclave)

고압증기멸균은 포화수증기에 의해 멸균하는 방법으로, 실험실에서 가장 많이 사용되고 있다. 멸균을 위한 가장 효과적인 압력 및 온도 조합인 121℃(15 lb/inch^2)로 15-20분 가열하면 포자(spore)까지 파괴가 가능하다. 고온에 의해 변질되지 않는 각종 기구나 배지 및 희석액의 멸균에 이용된다. 종이마개 또는 솜마개를 한 용기는 수증기에 마개가 젖어 오염이 유발될 수 있으므로 알루미늄 호일로 마개 부분을 감싼 후 실시한다.

③ **여과 멸균**(filtration)

여과는 공기와 액체에서 미생물을 제거하기 위한 효과적인 방법이다. 여과 멸균은 혈청과 효소, 특정의 배지 성분 등의 열에 파괴되기 쉬운 물질을 멸균하는 데 사용된다. 기체의 여과는 공기오염균을 제거하는 효율적인 방법으로, 고성능공기여과기의 헤파 필터(high-efficiency particulate air filter, HEFA filter)는 무균작업대(clean bench)에 멸균공기를 공급하기 위해 널리 사용된다.

(2) 화학적 살균

① 알코올

알코올(alcohol)은 하나 이상의 -OH 작용기를 가진 무색의 탄화수소로서, 여러 가지 알코올 중에서 에틸알코올(ethyl alcohol)과 이소프로필알코올(isoprpyl alcohol)은 살미생물 활성(bacteriocidal action)을 지닌 반면, 메틸알코올(methyl alcohol)은 살미생물적 활성이 없으며, 더 복잡한 알코올은 용해도가 낮거나 독성이 강해 살균제로 사용이 어렵다. 알코올은 50-95%의 농도에서 세포막의 지질을 용해시키고, 세포의 표면장력을 파괴할 뿐만 아니라 단백질의 변성을 초래한다. 일반적으로 70% 에탄올(ethanol)은 실험실 작업대의 표면 살균과 유리 도말봉, 핀셋, 백금이, 백금선 등의 살균에 이용된다.

② 비누와 손세정제

비누는 가정 및 의료기관, 산업체에서 주로 세척제와 위생처리제로 사용된다.

손세정제는 미생물 제어 효과가 있는 에탄올과 이소프로판올을 함유한 피부세정제이다. 살균비누의 경우 피부를 15초 이상 격렬하게 문질러서 피부의 먼지, 기름, 표면의 오염물질뿐만 아니라 피부에 서식하는 일부 미생물을 일시적으로 제거할 수 있다.

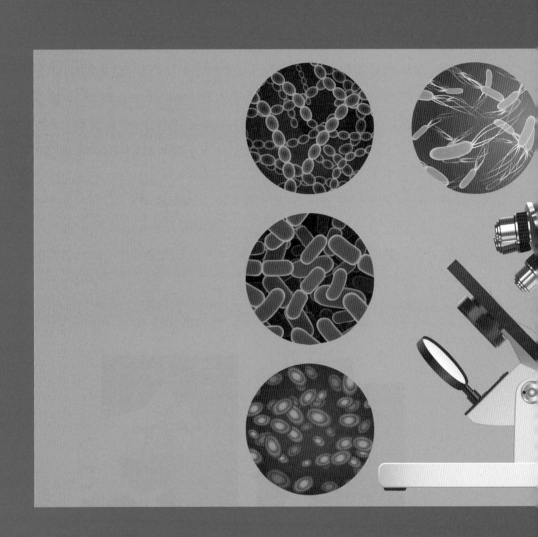

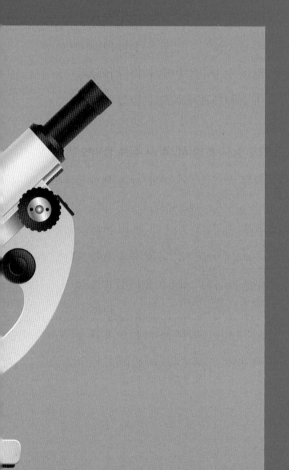

CHAPTER 1

미생물 실험의
기본 기술

미생물은 자연계에 널리 분포하고 있지만 육안으로 볼 수 없으며, 대부분의 서식처에서 단독으로 존재하는 것이 아니라 다양한 생물들과 복잡한 생물군집을 이루고 있기 때문에 미생물을 연구하고 활용하기 위해서는 각각의 개체를 다른 생물 또는 미생물로부터 분리하여 인공적인 환경에서 자라게 해야 하며, 눈으로 보이지 않는 미생물 개체를 확대하여 관찰할 수 있어야 한다.

따라서, 미생물을 처음 다루는 연구자들은 미생물이 분포되어 있는 환경이나 생물 또는 식품으로부터 시험할 시료의 채집과 인공적인 환경에서 미생물을 키우기 위한 적절한 배지(medium)의 선택과 제조 기술 이외에 미생물 관찰과 특성 조사에 필요한 몇 가지 기본적인 실험기술을 익숙하게 다룰 수 있어야 하며, 핵심 내용은 〈표 1-1〉과 같다.

본장에서는 미생물을 다루기 위한 기본 기술 중에서 미생물 배지 만들기와 접종, 배양, 분리 등의 기술과 현미경 사용법과 현미경 관찰, 미생물의 염색법 등을 다룬다.

1. 미생물 배양배지의 종류와 배지의 제조

미생물이 증식하기 위해서는 외부 환경에 존재하는 영양물질을 세포 내로 흡수하여 대사과정을 통해 필요한 에너지를 생성하고, 세포의 구성성분을 합성해야 한다. 미생물의 증식에 요구되는 주요 영양물질은 탄소원과 질소원, 무기염류, 생육인자 등이 있으며, 미생물이 필요로 하는 영양물질을 골고루 포함하고 있어 미생물의 생장

표 1-1 미생물 실험을 위한 기본 기술

기본 기술	목적과 방법
분리(Isolation)	자연환경으로부터 미생물을 구별이 가능한 독립된 집락을 이루게 하는 방법, 단일 미생물 배양
접종(Inoculation)	미생물의 인위적 배양을 위해 미생물을 새로운 배지에 옮겨 심는 과정
배양(Incubation)	충분한 영양분과 적절한 환경 조건을 제공하여 미생물을 증식시키기 위한 과정
관찰(Inspection)	육안으로 보이지 않는 미생물을 현미경으로 확대하여 세포의 형태와 구조를 확인하는 과정

을 가능하도록 만든 영양원을 배지(medium)라 부른다. 배지의 화학적 조성에 따라 잘 자랄 수 있는 미생물의 종류가 다르며, 특정의 미생물만 증식하거나 특정 미생물의 식별이 가능하도록 만들어진 배지도 있다.

배지는 기능에 따라 일반목적배지, 선택배지, 분별배지, 농화배지 등으로 분류할 수 있고, 물리적 상태에 따라 액체배지, 고체배지, 반고체배지로 분류할 수 있다.

1) 배지의 기능적 분류

(1) 일반목적배지(general purpose medium)

세균이나 곰팡이, 효모 등 폭넓고 다양한 미생물의 성장에 필요한 복합 영양성분을 함유한 배지로, 주로 실험실에서 일반 미생물을 배양하거나 미생물수를 측정하기 위한 용도로 광범위하게 사용된다. 세균 증식을 위한 일반목적배지는 Nutrient agar(NA) or Nutrient broth(NB), Brain heart infusion(BHI), Tryptic/trypticase soy agar(TSA)와 효모와 곰팡이 배양용으로는 Potato dextrose agar(PDA)와 Czapek-Dox agar(CZA) 배지 등이 많이 사용된다.

(2) 선택배지(selective medium)

어떤 특정한 성질을 가지고 있는 특정 균만 선별하여 증식시키기 위한 목적으로 사용되는 배지로, 이 외 다른 미생물의 증식을 억제하는 성분을 함유한 배지이다. 원치 않는 미생물의 생육을 저해시키기 위해 산(acid) 성분을 넣어 곰팡이를 선택적으로 분리하거나 고농도의 염이나 당분, 아지드화나트륨(sodium azide, 그람음성균의 저해), 크리스탈바이올렛(crystal violet, 그람양성균의 저해), 담즙산(bile salts, 그람양성균의 저해), 항생제(antibiotics, 세균 저해) 등을 일반목적배지에 첨가하여 사용하기도 한다.

(3) 분별배지(differential medium)

미생물의 생장이나 대사산물의 차이에 기초하여 서로 다른 미생물임을 구분하기 위한 배지다. 집락의 크기, 색, 기포 형성 유무, 대사산물에 의한 지시약의 변화 등의

표 1-2 선택/분별배지에서의 *Escherichia coli(E. coli)*, *Salmonella entertidis(S. entertidis)*, *Staphylococcus aureus(St. aureus)* 세균의 생육 특성

배지명	E. coli (그람음성균)	S. entertidis (그람음성균)	St. aureus (그 양성균)
Eosin methylene blue(EMB) agar	녹색의 금속성 광택 집락	무색 집락	생육 저해
MacConkey(MAC) agar	붉은색 집락	무색 집락	생육 저해
Mannitol salt agar(MSA)	생육 저해	생육 저해	노란색 집락
Xylose lysine desoxycholate(XLD) agar	노란색 집락	붉은색 바탕, 검은색 집락	생육 저해

차이로 특정의 미생물을 분별할 수 있는 배지이다. 선택배지이면서 분별배지 기능을 동시에 하는 배지도 있다.

2) 배지의 물리적 상태에 따른 분류

(1) 액체배지(broth media)

물에 용해될 수 있는 성분을 사용하여 제조한 배지로, 시험관, 삼각플라스크, 발효조를 이용하여 미생물을 증식할 때 사용된다.

(2) 고체배지(solid media)

고체배지는 액체배지를 고형화시켜 만든 배지다. 단단한 표면에 세균이나 효모 및 곰팡이 세포가 분리된 집락을 형성할 수 있는 고체 상태의 배지로, 미생물의 분리와 계수에 많이 이용된다. 액체배지의 고형화를 위한 성분은 미생물이 영양분으로 사용할 수 없는 한천(agar)이 주로 이용된다. 한천은 42℃ 이하의 온도에서는 단단한 겔을 형성하지만, 100℃로 가열하면 액체 상태로 존재하는 특성이 있기 때문에 배지의 응고인자로 널리 사용된다. 따라서 한천이 함유된 액화 상태의 배지를 평판에 부어 고체상태의 평판배지를 만들 수 있다. 사용되는 한천의 함량은 목적에 따라 달리할 수 있지만 고형화만을 목적으로 할 때는 1.5-2.0%를 첨가하고, 그 형태에 따라 평판배지, 사면배지, 고층배지로 구분된다.

실험 1-1

미생물 배양을 위한 액체배지와 고체배지의 제조

실험 목적	1. 건조배지의 취급(칭량 및 용해)과 배양배지의 멸균 방법을 배우고 익힌다. 2. 미생물 배양을 위한 액체배지와 다양한 형태의 고체배지(평판배지, 사면배지, 고층배지)를 제조한다.
배경 및 원리	미생물의 영양 요구는 매우 다양하여 미생물의 종류와 실험 목적에 따라 적절한 배지를 선택해야 한다. 　상품화된 건조배지는 한천이 함유되어 있지 않은 액체배지용과 한천이 함유되어 있는 고체배지용으로 나뉘어 시판되고 있다. 건조배지는 공기 중의 수분을 쉽게 흡습하여 응고하는 성질이 있으므로 취급 시 주의사항을 숙지하여 정량의 물에 용해하고, 멸균과정을 거쳐 액체배지와 고체배지를 만든다. 고체배지는 멸균 후 고형화시키는 용기 및 방법에 따라 평판배지와 사면배지, 고층배지를 만들 수 있다.
재료 및 도구	– 배지: 일반목적배지(nutrient broth(NB) 배지, nutrient agar(NA) 배지) – 기기: 저울(chemical balance), 자석교반기(magnetic stirrer), 마그네틱바(magnetic bar), 고압증기멸균기(autoclave), 항온배양기(incubator), 항온수조(water bath) – 기구: 삼각플라스크 또는 배지병(media bottle), 시험관(test tube)과 시험관 마개(screw caps or general caps), 멸균배양접시(sterile petri dish), 알코올램프(alcohol lamp), 칭량접시(weighing dish), 시약스푼(spatula), 피펫(pipette), 정량분주기(dispenser)

실험 방법

1. 액체배지 만들기: Nutrient broth (NB) 배지

① 칭량접시를 사용하여 NB 배지 분말을 칭량한다.

② 삼각플라스크 또는 비커에 칭량한 배지와 일정량의 물을 넣는다. 여기에 마그네틱바를 넣은 후 자석교반기에 올리고, 회전 속도를 적당하게 조절하여 배지 성분을 혼합, 용해시킨다.

③ 배지 성분이 녹아 투명해지면 피펫을 이용하여 시험관에 일정량의 용액을 분주한다.

④ 시험관의 마개를 닫고 고압증기멸균기에 넣어 121℃에서 15분간 멸균한다. 단, 시험관 마개는 완전히 잠근 후 반 바퀴 정도 풀어준 후 고압증기멸균하고, 멸균 종료 후에는 마개를 닫아서 냉장보관한다.

2. 고체배지 만들기: 평판배지, 사면배지, 고층배지

① 칭량접시를 사용하여 NA 배지 분말을 칭량하여 삼각플라스크 또는 배지병에 넣고 일정량의 물을 가한다.

② 여기에 마그네틱바를 넣은 후 자석교반기 위에 올리고, 적당한 속도로 회전시켜 배지 성분이 골고루 용해, 분산되게 한다.

③ 배지병의 뚜껑을 닫고(플라스크의 경우 알루미늄 호일을 씌움), 고압증기멸균기에서 121℃에서 15분간 멸균한다.

④ 멸균된 배지는 목적에 따라 평판배지, 사면배지, 고층배지를 만든다.

   a. 평판배지(plate medium)는 멸균된 고체배지가 굳지 않도록 항온수조에서 50-60℃ 정도로 유지한 다음, 무균작업대(clean bench) 내에서 멸균배양접시에 약 20 mL씩 분주하고, 뚜껑을 덮어 굳힌다. 굳은 평판배지는 거꾸로 뒤집어 겹겹이 쌓아 비닐 랩으로 포장하고, 배지명과 제조일자 등을 표기하여 냉장 보관한다.

   b. 사면배지(slant medium)는 고체배지를 용해시킨 다음, 시험관에 일정양씩 분주하여 고압증기 멸균한다. 멸균된 시험관의 배지는 한쪽 면을 기울여서 굳혀 표면적을 넓게 만든다.

   c. 고층배지(stab medium)는 고체배지를 용해시킨 다음, 시험관에 일정량의 용액을 분주하여 고압증기 멸균한다. 멸균된 시험관의 배지는 시험관대에 세워서 그대로 굳혀 제조한다.

배지 제조 시 주의사항

① 배지의 칭량은 신속하게 하고, 칭량 후 곧바로 뚜껑을 닫아 수분의 흡습을 방지해야 한다.

② 배지 성분은 완전히 용해시켜야 하고, 배지 성분이 플라스크 또는 시험관 벽면에 눌러 붙지 않도록 주의한다.

③ 배지의 양은 용기의 절반을 넘지 않도록 하고 한다.

④ 배지를 고압증기멸균 시 시험관 마개는 약간 느슨하게 닫아서 파열을 방지한다.

⑤ 멸균이 끝난 배지는 심하게 흔들거나 급히 부어 거품이 생기지 않도록 한다.

⑥ 배지는 용기에 표기되어 있는 보관 방법에 따라 실온 또는 냉장고에 보관한다.

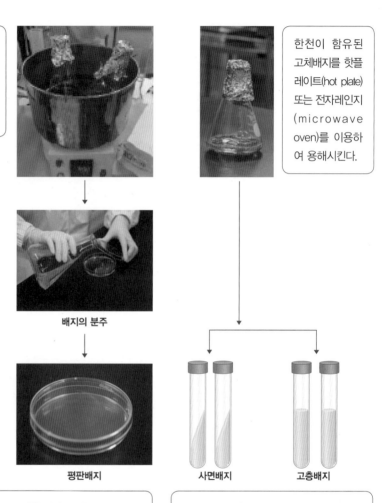

멸균이 끝난 고체배지는 water bath에서 45~50℃ 정도로 식힌다.

한천이 함유된 고체배지를 핫플레이트(hot plate) 또는 전자레인지(microwave oven)를 이용하여 용해시킨다.

배지의 분주

평판배지

사면배지

고층배지

50℃ 정도로 식힌 배지를 멸균 petri dish에 15~20 mL씩 분주하여 굳히고, 비닐랩으로 평판을 포장하여 거꾸로 뒤집어서 냉장 보관한다.

시험관에 일정량을 분주하여 뚜껑을 닫고 고압증기 멸균한다. 목적에 따라 곧바로 세워서 굳히거나(고층배지), 적절한 경사면이 생기도록 눕혀서 굳힌다(사면배지).

그림 1-1 배지의 제조

2. 미생물의 분리와 배양, 순수분리

우리 환경에는 수많은 미생물들이 혼재되어 살아가고 있다. 이러한 여러 종의 미생물들이 혼재되어 있는 환경(시료)에서 특정 미생물을 분리하여 미생물을 육안으로 볼 수 있도록 하는 것을 미생물 분리(isolation)라 한다. 또한 여러 종류의 미생물이 섞여 있는 상태에서 목표로 하는 특정의 미생물 세포가 독립된 단일 집락(colony)을 형성하도록 하는 것을 순수분리(pure culture)라고 한다.

순수분리배양법에는 평판배지 표면에 백금이라는 접종 도구를 이용하여 시료가 점차 희석되도록 그어줌으로써 독립된 집락을 형성하게 하는 획선평판 배양법(streak plate method)과 도말봉(spreader)을 이용하여 일정량의 분리 시료를 배지의 표면에 펼쳐서 도말, 배양하여 순수분리해내는 도말평판배양법(spread plate method), 액상의 고체배지를 이용하여 표면과 내부에서 모두 집락을 형성할 수 있는 통성혐기성 세균을 분리하기 위한 주입평판법(pour plate method)이 있다.

1) 획선평판배양법(Streak plate method)
미생물 배양체를 백금이로 무균적으로 분리한 후 목적하는 미생물에 따른 적정 평판배지에 지그재그로 획선도말함으로써 배양체가 점차 희석되어가는 과정을 이용하여 순수분리하는 방법이다.

획선평판배양법(streak plate method)은 몇 번에 나눠서 도말하느냐에 따라 4분원도말법(quadrant streak method), 3분원 도말법(three-phase streak method), 연속도말법(continuous streak method)으로 나눌 수 있다. 시료 내의 균체 농도가 높을 경우 3-4번에 나누어 도말하는 3분원 도말법이나 4분원 도말법을 사용하고, 균액 농도가 낮을 경우는 한 번에 도말하는 연속도말법을 사용한다.

2) 도말평판배양법(Spread plate method)
균액을 멸균생리식염수에 단계별로 희석하여 도말봉(spreader)을 사용하여 평판배지 표면에 넓게 펼쳐 도말함으로써 미생물을 분리하는 방법이다.

3) 주입평판법(Pour plate method)

고체배지를 녹여 50-55℃로 식힌 후 여기에 균액을 넣어 여러 단계로 희석하여 멸균 배양접시에 부어 굳혀 배양하는 방법이다. 균이 표면에만 자라는 획선평판배양법이나 도말평판배양법과 달리 배지 속에서 자라는 것을 관찰할 수 있다. 이 방법은 주로 통성혐기성균 분리에 많이 이용된다.

실험 목적	우리 주변 환경 중에 존재하는 다양한 미생물을 확인하고, 각각의 독립된 집락으로 분리하여 배양하는 기술을 익힌다.
배경 및 원리	우리가 살고 있는 모든 곳에는 육안으로 보이지 않지만 많은 미생물들이 공기와 함께 부유하거나 생물과 무생물의 표면에 부착되어 있다. 이러한 미생물을 육안으로 볼 수 있도록 배양하여 각각의 독립된 집락(colony)을 형성하도록 하는 것을 미생물 분리(isolation)라 한다. 분리된 각각의 집락은 단일 종의 미생물이 고체배지에서 증식하여 육안으로 볼 수 있는 형태로 형성된 단일 세포집단으로서, 많은 종류의 세균들이 유사한 형태의 집락을 형성하기도 하지만 일반적으로 미생물의 종류에 따라 집락의 색, 형태, 크기, 테두리의 구조 등이 다르며, 그 차이에 의해 미생물의 종류를 어느 정도 판별할 수도 있다.
재료 및 도구	미생물의 분리원: 흙, 실험대 바닥, 공기, 과일(감귤류) – 배지: Nutrient agar (NA) 배지, Potato dextrose agar (PDA) 배지 – 기기 및 도구: 알코올램프(alcohol lamp), 도말봉(spreader), 마이크로피펫(micropipette) & 피펫팁(pipette tip), 시험관(test tube), 시험관대(test tube rack), 멸균배양접시(sterile petri dish), 멸균면봉(sterile swab), 멸균생리식염수(sterile 0.85% NaCl solution)

실험 방법

1. 세균의 분리

① 세균 분리용 배지는 NA 평판배지로 준비하여 각각의 평판배지 뚜껑에 분리용 시료명과 시험 일자를 기재한다.

② 미생물 분리를 위한 시료는 환경 중의 흙과 실험대 표면 또는 사람의 피부 등에서 분리 가능하다.

a. **흙(토양)에 포함되어 있는 미생물의 분리**: 토양을 멸균생리식염수가 든 시험관에 1 스푼 넣고, 잘 섞은 다음 100 μL(0.1 mL)를 취하여 평판배지에 떨어뜨린 후 멸균 도말봉으로 도말한다.

b. **실험대와 같은 표면에 오염된 미생물의 분리**: 실험대의 일정 구획(일반적으로 10× 10 cm^2)에 해당되는 표면은 멸균생리식염수를 묻힌 면봉을 이용해 골고루 묻혀서 평판배지에 도말한다.

③ 각각의 시료를 도말한 평판은 뒤집어서 30-37℃의 항온배양기에서 24-48시간 배양한 다음, 형성된 집락을 관찰한다.

2. 진균(효모와 곰팡이)의 분리

① 진균 분리용 배지는 PDA 배지로 준비하여 각각의 평판배지 뚜껑에 분리용 시료명과 시험 일자를 기재한다.

② 진균의 분리를 위한 시료는 공기 중의 곰팡이(포자)와 감귤류에 부착되어 있는 효모를 분리한다.

a. **공기 중의 곰팡이 분리**: 공기 중의 곰팡이가 배지에 낙하할 수 있도록 PDA 평판배지가 든 멸균배양접시 뚜껑을 15분간 열어둔다. 공기 중에 노출시킨 평판은 뚜껑을 덮어 25℃에서 5-7일 동안 배양한 다음 형성된 집락을 관찰한다.

b. **과일 표면의 효모 분리**: 과일 표면을 멸균생리식염수를 묻힌 면봉을 이용해 골고루 도포한 다음 면봉을 평판배지 표면에 도말하고, 25℃에서 5-7일 동안 배양한 다음 형성된 집락을 관찰한다.

세균 또는 진균 배양용 평판배지를 준비하고, 환경 중의 미생물을 분리를 위한 시료를 준비한다.

흙(토양)	실험대 표면	공기	과일
토양을 멸균식염수와 잘 섞은 후 평판배지에 1방울 떨어뜨리고 골고루 도말한다.	멸균생리식염수를 묻힌 면봉으로 실험대 위를 도포하여 평판배지에 도말한다.	PDA 배지가 들어있는 평판의 뚜껑을 15분간 열어두어 공기 중에 노출시킨다.	멸균 면봉으로 분리용 과일 표면을 도포하여 평판배지에 도말한다.

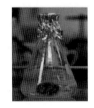  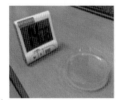 

미생물 분리용 시료를 접종한 평판배지는 뒤집어서 적절한 온도의 항온기에서 배양 후 형성된 집락을 관찰한다.

그림 1-2 미생물의 분리

평판 획선 배양법에 의한 미생물의 순수분리

실험 목적

평판배지에서 독립적으로 배양된 단일 집락을 형성시키는 획선평판 배양법을 통해 미생물의 순수분리 기술을 익힌다.

배경 및 원리

자연환경에서 둘 이상의 종이 혼합군락을 이루고 있는 미생물의 여러 가지 특성을 연구하기 위해서 반드시 각각의 미생물 단일종으로 분리해야 하므로 순수배양기술이 필요하다.

평판 획선 배양법(streak plate method)은 미생물을 독립된 각각의 단일세포 집락으로 순수하게 분리하기 위해 사용되는 가장 간편한 방법이다. 시료를 희석할 필요 없이 직접 백금이로 채취하여 평판배지에 접종하는 것으로, 시료 내의 균체 농도가 높을 경우 3-4번에 나누어 도말하는 3분원 도말법이나 4분원 도말법을 사용하고, 균액 농도가 낮을 경우는 한 번에 도말하는 연속도말법을 사용한다.

획선도말된 평판배지를 적정 온도에서 1-2일 배양하여 형성된 집락 중에서 독립된 집락은 단일 미생물로 순수하게 분리 가능하다.

재료 및 도구

– 균주: *Bacillus subtilis* 집락, *Escherichia coli* 배양액

– 배지: Nutrient agar (NA) 배지

– 기타: 알코올램프(alcohol lamp), 백금이(loop), 유성펜

실험 순서

1. 목적하는 미생물 배양을 위한 적정배지가 함유된 평판배지를 준비한다.
2. 평판배지 뚜껑에 유성펜으로 라벨링(균명, 균출처, 날짜 등)을 하고, 바닥은 3등분 또는 4등분으로 구획을 나눠 표시한다(생략 가능).
3. 백금이는 화염 멸균하여 식힌 후 균체를 채취한다. 고체배지상의 집락은 멸균백금이로 바로 채취하고, 액체 배양액은 vortex mixer로 잘 혼합한 후 백금이로 채취한다.
4. 접종하려는 멸균평판배지의 첫 번째 구획에 지그재그로 획선 접종한다. 이때 배지가 찢어지지 않게 표

면에 가볍게 그어준다.

5. 백금이를 화염멸균 후 첫 번째 도말한 끝부분부터 출발하여 1차 도말과 동일한 방법
   으로 지그재그로 그어준다.

6. 세 번째 도말도 두 번째 도말과 동일과 방법으로 시행한다. 도말 전 백금이는 매번 화
   염멸균한다. 단, 일회용 멸균도말봉 사용 시에는 매번 도말봉을 교체해 준다.

7. 도말이 완료되면 뚜껑을 덮고 30-37℃에서 24-48시간 배양하여 집락을 관찰한다.

 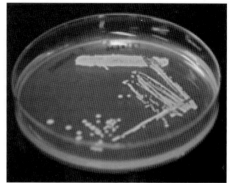

그림 1-3 미생물의 순수분리

3. 미생물 관찰을 위한 현미경 사용법

1) 미생물과 현미경

우리가 생활하는 환경 중에는 무수한 미생물들이 살아가고 있다. 이러한 미생물들은 대부분 눈에 보이지 않을 만큼 작아 확대하지 않으면 볼 수 없기 때문에 현미경이 발명되기 전에는 미생물의 존재조차 알 수 없었다. 17세기 후반 레벤후크(Antony van Leeuwenhock)에 의해 현미경이 개발되면서 미생물의 존재가 세상에 알려지기 시작하였다. 오늘날에는 미생물의 크기뿐만 아니라 세포의 내부 구조와 3차원 입체 구조의 관찰이 가능한 다양한 현미경이 미생물 연구에 활용되고 있다.

표 1-2 현미경의 종류와 주요 기능

현미경의 분류	광원과 확대 배율	현미경의 종류	주요 기능
광학현미경 (light microscope)	백열광, 형광 × 2,000	광학 현미경, 형광현미경, 위상 차현미경	미생물의 형태적 특성 관찰
전자현미경 (elecron microscoe)	전자빔 × 100,000 이상	주사전자현미경(scanning electron microscopy; SEM), 투과전자현미경(transmission electron microscope; TEM)	미생물의 미세 구조 관 찰
공초점현미경 (confocal miroscope)	레이저 × 2,000 이상	공초점 레이저주사현미경	세포 내부 구조와 3차 원 입체 구조 관찰

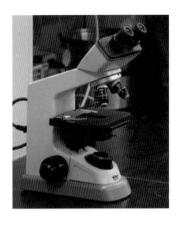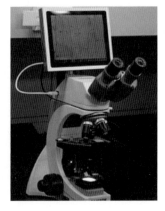

그림 1-4 일반 광학현미경과 디지털 현미경

2) 광학 현미경의 구조와 사용법

(1) 현미경 사용법

① 표본을 재물대에 올려 클립으로 고정시킨 후, 렌즈 아래 한가운데에 위치하도록 재물대 조절나사를 조정하여 재물대를 이동시킨다.

② 조동나사를 움직여 대물렌즈가 커버글라스(cover glass)에 거의 닿을 정도까지 가까이 한다.

③ 현미경의 접안렌즈로 보면서 조동나사를 서서히 위로 올리면서 대략적인 상을 찾아낸다.

④ 상이 나타나면 미동나사를 조금씩 움직여 선명한 상을 찾는다.

⑤ 다시 조리개를 이용해 선명하게 보이도록 빛의 양을 조절한다.

(2) 현미경 취급 시 주의사항과 사용 후의 관리 방법

① 습기나 먼지가 없는 곳에 보관한다.

② 현미경을 운반할 때는 오른손으로 경주를 잡고 왼손으로 경대를 든다.

③ 렌즈 면에는 직접 손을 대지 않는다.

④ 관찰시 양쪽 눈을 모두 사용하는 것이 눈의 피로를 줄일 수 있다.

⑤ 현미경 사용 시에는 대물렌즈와 시료를 고정한 슬라이드를 충돌시키지 않도록 한다.

⑥ 사용 후에는 렌즈 페이퍼(lens paper)로 가볍게 닦는다(특히 oil로 유침검경 후에는 자일렌(xylene)을 묻혀 잘 닦아냄).

(3) 현미경의 구조

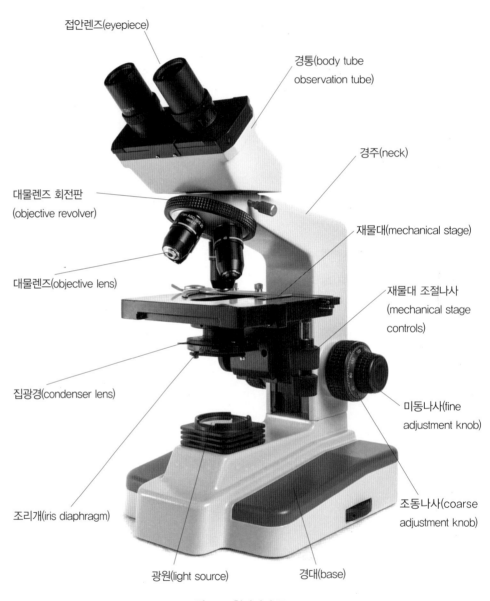

접안렌즈(eyepiece)

경통(body tube
observation tube)

경주(neck)

대물렌즈 회전판
(objective revolver)

재물대(mechanical stage)

대물렌즈(objective lens)

재물대 조절나사
(mechanical stage
controls)

집광경(condenser lens)

미동나사(fine
adjustment knob)

조리개(iris diaphragm)

조동나사(coarse
adjustment knob)

광원(light source)

경대(base)

그림 1-5 현미경의 구조

실험 목적	세균의 그람염색(Gram staining)을 위한 세균 시료의 도말 표본 제작과 그람염색 과정을 이해하고, 염색된 균체의 판별과 현미경 검경 방법을 익힌다.

배경 및 원리

세균을 관찰할 경우 배경과 세균, 또는 세균간의 식별을 용이하게 하기 위하여 세균을 염색한 후 관찰하는 경우가 많다. 세균의 염색 방법에는 세균의 분류에 이용되는 그람염색, 항산성 염색과 미생물의 형태와 배열 관찰에 주로 이용되는 단순염색, 그리고 세균의 미세구조 관찰에 이용되는 편모 염색, 아포 염색, 협막 염색, 핵 염색 등이 있다.

그람염색법은 1884년에 Hans Christian Gram에 의해 고안된 염색법으로, 세균의 분류와 동정에 필수적인 염색 방법이다. 모든 세균은 그람염색에 의해 보라색으로 염색되는 그람양성 세균(gram positive bacteria)과 핑크색으로 염색되는 그람음성 세균(gram negative bacteria)으로 분류할 수 있다. 그람염색에 의해 염색 결과가 다르게 나오는 이유는 세균 세포벽의 구조적 차이와 세포의 염색 시약에 대한 반응이 다르기 때문이다. 그람양성균의 세포벽은 견고한 펩티도글리칸(peptidoglycan)층이 90% 이상을 차지하여 두껍고 단순한 반면, 그람음성균의 세포벽 조성은 얇은 펩티도글리칸층 이외에 지질(lipid)을 함유하는 외막(outer membrane)으로 구성되어 있기 때문에 염색액의 투과성과 탈색의 차이에 의해 염색 결과가 다르게 나타난다.

세균의 그람염색 과정은 아래 표와 같이 크리스탈 바이올렛(crystal virolet)에 의한 염색과 요오드 용액 처리(매염), 알코올에 의한 탈색, 사프라닌에 의한 대조염색의 4단계로 이루어진다.

	1차 염색 primary stain	매염 mordanting	탈색 decolourizing	대조 염색 counterstain
시약 reagent	크리스탈바이올렛 crystal violet	요오드 용액 Gram's iodine	에탄올 95% ethanol	사프라닌 safranine O
기능 function	모든 종류의 세포를 염색	1차 염색이 잘 되도록 도와줌	지방을 녹여 탈색시킴	1차염색제와 반대되는 색으로 대응 염색
Gram(+)	violet	violet	violet	violet
Gram(−)	violet	violet	colorless	pink

재료 및 도구	– 균주: 그람음성 세균 배양액(*E. coli*) and 그람양성 세균 배양액(*B. subtilis*)
	– 기기 및 도구: 광학현미경, 슬라이드 글라스(slide glass), 슬라이드 글라스 집게 (microscope slide holding forcep), 마이크로피펫(micropipette), 피펫팁(pipette tip)
	– 그람염색 시약: 크리스탈바이올렛(crystal violet), 요오드 용액(gram's iodine), 95% 메탄올(ethanol), 0.25% 사프라닌 용액(safranin O)
	– 알코올램프(alcohol lamp), 100 mL 비커(beaker), 백금이(loop), 여지(fitter pater), 렌 즈페이퍼(lens paper), 자일렌(xylene), 유침유(immersion oil)

실험 방법

1. 세균의 형태학적인 관찰을 위한 첫 번째 과정은 염색, 수세 등에 의해 균체가 씻겨나가지 않게 하기 위해 도말표본을 제작하는 것이다. 도말표본은 화염 멸균한 백금이를 이용하여 각각의 균체를 슬라이드 글라스에 얇게 펴서 도말하고, 열 고정(fixation)을 하여 만든다.

2. 도말된 표본에 1차 염색제인 크리스탈 바이올렛을 1-2방울 떨어뜨려 1분간 염색한 다음, 천천히 흐르는 물로 여분의 염색 용액을 씻어낸다.

3. 균체가 도말된 부분에 요오드 용액(매염제)을 충분히 떨어뜨리고, 1분 후 흐르는 물로 씻어낸다.

4. 매염 후에 95% ethanol 용액을 천천히 떨어뜨려 10-20초 동안 탈색처리를 한다. 이때 탈색이 너무 지나치거나 부족하게 되면 그람염색 결과에 오류가 나타나므로 탈색 시간을 엄수해야 한다.

5. 탈색 후 염색 성분이 더 이상 나오지 않을 때까지 천천히 흐르는 물로 씻어낸 다음, 대조염색을 위해 세균이 묻어있는 부분에 사프라닌 용액을 떨어뜨려 약 30초 동안 대조염색을 한다.

6. 증류수나 흐르는 물로 염료가 더 이상 묻어 나오지 않도록 가볍게 씻어낸다.

7. 슬라이드 글라스에 남은 물방울은 여지를 이용하여 흡수시킨 후 공기 중에서 건조시킨 다음, 현미경 검경을 통해 염색 결과를 확인한다.

8. 현미경 검경은 슬라이드 글라스를 재물대에 올리고, 염색된 균체 위에 유침유 (immersion oil)를 한 방울 떨어뜨린 후 100배의 대물렌즈로 관찰한다(1,000배 검경).
9. 검경한 결과를 기록한다.

그람염색 시 주의사항

- 24시간 이내의 신선한 상태의 균(young strain)을 사용해야 하며, 오래된 균(정지기 이후)이나 세포벽이 손상된 균주의 경우 그람양성균이 그람음성의 결과로 나올 수 있다.
- 탈색 시간이 매우 긴 경우 그람양성균이 그람음성균으로, 짧은 경우 반대의 결과가 나올 수 있다.
- 균체가 매우 많은 경우에 탈색이 제대로 되지 않아 그람음성균이 그람양성의 결과가 나올 수가 있다.
- 과도한 열로 고정할 경우 세포벽이 파괴되어 그람양성균이 그람음성의 결과가 나올 수 있다.
- 매염제를 사용하지 않았을 경우 그람 양성균이 그람음성의 결과가 나올 수 있다.

그림 1-6 세균의 그람염색과 현미경 검경

곰팡이의 슬라이드 배양 및 형태 관찰

실험 목적	곰팡이(molds)의 슬라이드 배양법(slide culture)을 익히고, 곰팡이의 균사 및 포자의 형태를 관찰한다.
배경 및 원리	곰팡이의 형태적 특징은 균사와 균사체, 그리고 자실체와 포자(유성포자와 무성포자)를 형성하는 것이다. 곰팡이의 종류는 유성 생식의 형태에 따라 접합균류, 자낭균류, 담자균류, 불완전균류 등으로 분류된다.

곰팡이는 각각의 개체가 군집을 이루어 증식하기 때문에 육안으로 볼 수 있다. 그러나 곰팡이의 입체적인 구조와 형태를 그대로 보존하여 현미경으로 관찰하기 위해서는 특별한 배양, 즉 슬라이드 배양이 필요하다. 현미경 표본으로 사용될 슬라이드 글라스에 곰팡이를 배양하여 표본으로 사용함으로써 곰팡이의 입체구조를 관찰할 수 있다.

재료 및 도구	– 균주: *Aspergillus* sp., *Mucor* sp., *Penicillium* sp., *Rhizopus* sp., 생활 속 곰팡이 (예: 곰팡이가 피어있는 귤이나 빵)

– 배지: Czapeck-dox agar (CZA) 또는 Potato dextrose agar (PDA) 배지

– 기기 및 도구: 항온배양기(incubator), 현미경, 알코올램프(alcohol lamp), U자형 유리막대, 백금이(loop), 핀셋

– 기타: 멸균배양접시(sterile petri dish), 글리세롤수(20-30% glycerol), 탈지면, 슬라이드 글라스(slide glass), 커버글라스(cover glass), 렌즈페이퍼(lens paper), 자일렌(xylene)

실험 방법

1. U자형 유리막대, 슬라이드 글라스, 커버글라스, 탈지면은 모두 멸균해 둔다.
2. 멸균배양접시에 U자형 유리막대를 넣고, 그 위에 슬라이드 글라스를 올린다.
3. 미리 만들어 둔 CZA 배지를 멸균 칼 또는 백금이를 이용해 1 cm^2 크기로 잘라 슬라이드 글라스 중앙에

올려놓는다.

4. 배지 가장자리에 백금이를 이용하여 곰팡이를 접종하고 커버글라스를 덮은 다음 가볍게 눌러준다.

5. 건조를 막기 위해 멸균한 탈지면을 글리세롤수에 충분히 적신 후 멸균배양접시에 넣어준 후 25℃에서 일주일간 배양한다.

6. 배양된 곰팡이의 형태 관찰은 저배율에서 시야 전체로 발육상태를 검경하고, 고배율로 균사 및 포자의 모양과 색을 상세히 관찰한다.

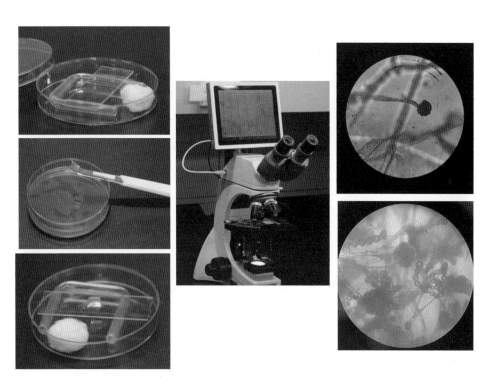

그림 1-7 곰팡이의 슬라이드 배양

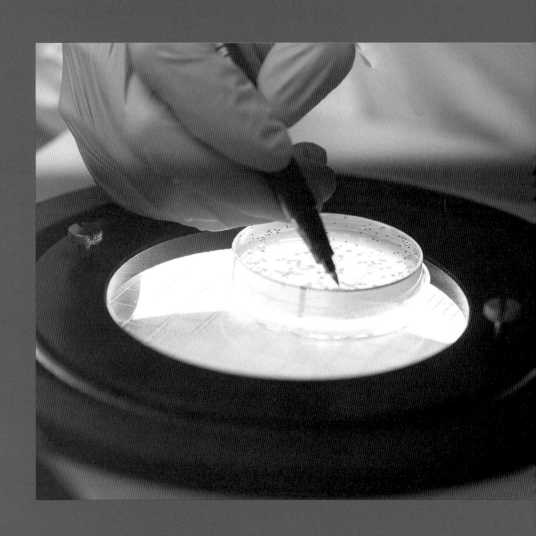

Colony counter(콜로니계수기)

CHAPTER 2

미생물의 증식과
미생물 양의 측정법

미생물의 증식(growth)은 미생물 세포가 외부환경에서 영양분을 흡수하여 살아가는데 필요한 모든 성분을 합성하는 과정으로, 증식은 일반적으로 질량과 세포 수가 증가하는 것을 말한다. 미생물의 증식은 서식지의 영양 상태와 환경 조건, 즉 산소, 온도, pH 및 수분 등의 조건에 의해 영향을 받기 때문에 식품의 저장 및 가공, 유통 분야에서는 이들 미생물의 생육 특성을 이해할 필요가 있다.

1. 세균의 증식

단세포인 세균은 모세포가 크기와 질량이 커진 다음 2개의 새로운 딸세포로 분열하여 2배수로 증가하는 이분법(binary fission)에 의해 증식한다. 하나의 세포에서 2개의 세포로 분열하는 데 소요되는 시간, 즉 세포수가 2배로 증가되는 데 소요되는 시간을 세대기간(generation time) 또는 배가시간(doubling time)이라고 하는데, 세균의 세대기간은 균의 종류에 따라 다르다. 일반적으로 대장균은 약 20-30분, 유산균은 약 60분, 비브리오균은 약 15분이며, 온도, pH와 같은 생육 조건에 따라 달라질 수 있다.

2. 효모의 증식

단세포인 효모는 일부 유성생식 세포를 제외한 대부분의 경우 출아법에 의해 증식한다. 출아법은 모세포의 세포벽 일부에서 싹과 같은 작은 돌기(bud cell)가 돋아나고 점차 커져서 딸세포로 분리되는 증식 방법이다. 최적의 생육조건에서는 1-2시간에 1회 출아하지만, 출아 횟수가 증가하여 오래된 세포는 출아시간이 줄어들게 된다.

3. 곰팡이의 증식

곰팡이는 균사가 뻗어나가면서 증식하여 균사체를 형성하고, 상단에 포자를 형성하는 생활사를 가지는 진핵미생물이다. 따라서 곰팡이의 증식은 하나의 포자가 발아하여 만들어진 균사 또는 균사 조각이 증식됨에 따라 균사 내부에서의 핵분열에 따라 균사의 길이와 직경이 증가하거나 수많은 균사 가지와 균사 수가 증가하는 것이다. 유성생식을 하는 곰팡이의 증식은 균사의 생성뿐만 아니라 유성생식과 관련된 복잡한 자실체의 생성도 포함된다.

4. 미생물 양의 측정

미생물 집단이 증식함에 따라 증가하는 미생물 양의 측정 방법에는 다음과 같은 다양한 방법이 있다.

1) 생균수의 측정(total viable cell count)
시료 중 살아있는 미생물의 총수를 측정하는 방법이다. 한천평판배지에 집락을 형성하는 미생물을 계수하는 평판계수법이 가장 널리 사용되는 생균수 측정법으로, 도말평판법(spread plate method)과 주입평판법(pour plate method)이 있다. 고체배지에 형성된 집락은 미생물의 수가 아니라 집락형성단위(colony forming unit, CFU)로서, 1개의 평판에서 유효한 집락의 수는 15-300 CFU/plate이다.

2) 탁도 측정법(turbidity measurement)
분광광도계를 사용하여 세포 현탁액의 탁도를 측정하여 미생물 세포의 양을 간단하게 추정하는 방법으로써, 빠른 시간에 많은 양의 시료를 간단하게 측정할 수 있기 때문에 널리 사용되는 방법이다.

3) 직접 현미경 계수법(direct microscopic count)

시료에 들어있는 미생물의 수를 현미경을 통해 직접 세어 시료 전체 미생물수를 계산하는 방법으로, 신속히 측정할 수 있으나 살아있는 세포와 죽은 세포를 구별하기가 힘들다.

4) 건조 중량 측정법(drying cell weight)

곰팡이나 방선균처럼 단세포로 분리되지 않는 미생물의 경우 균체의 무게를 측정하여 미생물 량을 측정하는 방법으로써, 배양액을 일정량 취해 여과 또는 원심분리를 통해 균체를 분리한 후, 건조시켜 중량을 측정하는 방법이다.

실험 목적	시험 시료 중의 생균수 측정을 위한 희석액(멸균생리식염수, 0.85% NaCl 용액)의 제조 및 희석액의 멸균 방법을 익힌다.
배경 및 원리	미생물은 육안으로 보이지 않기 때문에 특정의 시험시료에 혼입되어 있는 미생물의 양을 알 수가 없다. 따라서 미생물의 정량검사에서는 측정법도 중요하지만, 적절한 농도로 희석하여 측정할 필요가 있다. 미생물 세포는 고농도 환경에 노출되면 세포내 수분이 세포막을 통해 유출되어 대사활성을 소실하게 되고, 저농도의 환경에 노출되면 세포 내부로 수분이 유입되어 삼투압현상에 의해 세포가 터져서 사멸하게 된다. 따라서 미생물 세포를 다룰 때는 반드시 세포 농도와 비슷한 농도의 등장액(희석액)을 사용해야 한다. 식품공전에서 허용하고 있는 미생물 검사용 희석액은 ① 멸균생리식염수(0.85% NaCl 용액), ② 멸균인산완충희석액, ③ 펩톤식염완충액(buffered peptone water) 등이 있다. 　미생물검사에서는 시료에 포함되어 있는 목적하는 미생물만 순수배양하기 위하여 미생물 조작에 사용하는 모든 기구와 배지, 희석액 등은 반드시 멸균하여 사용해야 한다.
재료 및 도구	재료 및 시액: Sodium chloride (NaCl)분말 기기 및 도구: 고압증기멸균기(autoclave), 저울(chemical balance), 자석교반기(magnetic stirrer), 마그네틱바(magnetic bar), 비커(beaker), 10 mL, 1 mL 피펫(pipette), 피펫에이드(pipette aid), 시험관(test tube) 및 시험관대, 시약스푼(spatula)

실험 방법

1. 희석액(0.85% NaCl)의 제조

① NaCl 0.85 g을 칭량하여 삼각플라스크 또는 비커에 넣고, 증류수를 가해 100 mL로 만든다.

② 마그네틱 바를 넣고 자석교반기를 이용하여 회전하면서 용해시킨다.

③ 용해된 생리식염수를 배지병 또는 시험관에 분주하고 마개를 닫아 멸균한다. 단계별 희석용 희석액은

시험관에 정확하게 9 mL씩 주입해야 한다.

④ 고압증기멸균용 배지병 또는 시험관의 뚜껑은 반 바퀴 풀어서 멸균하고, 뚜껑이 종이나 솜과 같이 흡습될 수 있는 재질의 경우 알루미늄 호일을 씌워 수분을 차단하고 멸균한다.

2. 희석액의 멸균

① 고압증기멸균기의 전원을 켜고, 바닥의 코일이 잠길 정도의 물을 채운다.

② 생리식염수를 함유한 시험관 또는 배지병을 고압증기멸균기 바스켓에 넣는다.

③ 고압증기멸균기의 뚜껑을 꼭 잠그고, 온도와 시간을 121℃, 15분으로 조절하여 시작 스위치를 켜고 멸균한다.

④ 자동화된 고압증기멸균기는 멸균 후 자동 종료되며, 종료 후 압력이 zero가 되고, 온도가 100℃ 이하로 내려간 것을 확인 후, 뚜껑을 열고 멸균된 내용물을 꺼낸다.

 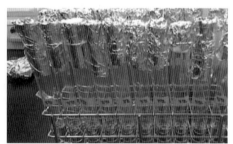

주의사항

• 마개가 종이 또는 실리콘과 같이 수분을 흡습하는 재질인 경우 알루미늄호일을 씌워 수분을 차단하고 멸균한다.

• 온도가 100℃ 이상일 때 고압증기멸균기의 뚜껑을 열면, 액체의 경우 용기 밖으로 끓어 나올 수 있으므로 100℃ 이하로 내려간 후에 꺼낸다.

실험 목적

도말평판법(spread plate method)과 주입평판법(pour plate method)에 의한 미생물의
분리와 정량법을 익히고, 집락의 계수 및 균수의 기재 방법을 익힌다.

배경 및 원리

도말평판법은 미리 만들어 둔 평판배지의 표면에 시료를 고르게 도말하여 배양하는 방법
으로, 주로 표면 증식을 하는 호기성 또는 통성혐기성 미생물의 배양에 적합하다. 고체배
지에 형성된 집락은 미생물의 수가 아니라, 단일 세포가 함께 모인 군집(colony)이다. 생균
수의 단위는 집락형성단위(colony forming unit, CFU)로 표시한다.

　　주입평판법은 미생물 시험시료와 표준한천배지를 혼합 응고시킨 후 배양하여 미생물
집락을 분리하는 방법이다. 도말평판법에서는 미생물이 표면에 증식하는 반면, 주입평판
법에서는 미생물이 배지의 표면과 내부에서 모두 증식하여 집락이 형성된다. 따라서 주입
평판법은 호기성균보다는 통성혐기성균의 분리 및 생균수 측정에 적합하다.

　　주입평판법의 경우 한천을 함유한 액화상태의 고체배지와 시료를 혼합해야 하므로 배
지를 45-50℃ 정도의 항온 수조에 보존하며 사용해야 한다. 액화 상태의 고체배지에 함
유된 한천은 온도가 42℃ 이하에서는 응고하여 사용이 어렵고, 50℃ 이상이 되면 시료 중
의 미생물이 사멸할 수 있으므로 주의해야 한다.

재료 및 도구

- 균주: *Bacillus subtilis*, *Escherichia coli* 배양액
- 배지 및 희석액: nutrient agar(NA) 배지, 멸균생리식염수(0.85% NaCl), De Man,
  Rogosa and Sharpe(MRS) agar
- 기기 및 도구: 항온배양기(incubator), voltex mixer, 알코올램프(alcohol lamp), 멸균
  배양접시(sterile petri dish), 마이크로피펫(micropipette), 피펫팁(pipette tip), 시험관
  (test tube), 삼각플라스크, 10 mL 피펫(pipette), 피펫에이드(pipette aid), 도말봉
  (spreader)

실험 방법

1. 도말평판법에 의한 미생물의 분리

① 평판배지의 제조: NA 배지를 멸균한 다음, 멸균배양접시에 부어 굳혀서 평판배지를 만든다.

② 평판배지의 뚜껑에 일시, 균주 명칭, 시험자 등을 기입한다.

③ 적절하게 희석한 시험시료는 0.1 mL씩 각각의 평판배지에 접종한 후, 시료가 배지에 완전히 흡수되기 전에 멸균 도말봉으로 골고루 분산시킨다.

④ 접종한 시료가 배지에 완전히 흡수된 것을 확인 후, 평판을 뒤집어서 항온배양기에 넣고 배양(37℃, 24시간)한 다음 형성된 집락을 계수한다.

2. 주입평판법에 의한 미생물의 분리

① 배지병에 MRS agar 배지를 만들어 멸균한 다음, 45-50℃로 유지시켜 둔 항온수조 (water bath)에서 항온 보관한다.

② 멸균배양접시 뚜껑에 일시, 균주명 또는 시료명, 희석 배수, 시험자 등을 기입한다.

③ 적절하게 희석한 시험시료는 각각 1 mL씩을 취하여 각각의 멸균배양접시에 분주한 다음, 45-50℃ 항온수조에 항온 보관된 액화 상태의 고체배지를 약 20 mL씩 주입한다.

④ 멸균배양접시 뚜껑을 덮고, 시료와 배지가 잘 혼합되도록 바닥에 대고, 뚜껑에 손을 올려 좌우로 살며시 흔들어준다. 이때 너무 세게 흔들어 배지가 뚜껑에 묻거나 흘러넘치지 않게 주의한다.

⑤ 배지가 완전히 굳은 다음 뒤집어서 37℃ 항온배양기에서 24-48시간 배양한 다음, 형성된 집락을 관찰하여 계수한다.

⑥ 시험시료를 주입하지 않은 배지를 멸균배양접시에 평판 주입하여 대조구(control)로 사용한다.

집락의 계수

① 한 평판에 형성된 집락의 수가 15-300개인 희석 배수의 평판배지를 취해, 생성된 colony의 수를 계수하여 원래 시료의 미생물수를 계산한다.

② 15-300개 집락의 평판이 여러 개인 경우에는 다음과 같은 공식을 적용하여 계산한다.

$$N = \frac{\Sigma C}{\{(1 \times n1) + (0.1 \times n2)\} \times (d)}$$

N= 시료 g 또는 mL당 세균 집락수
ΣC = 모든 평판에 계산된 집락수의 합
n1 = 첫 번째 희석 배수에서 계산된 평판수
n2 = 두 번째 희석 배수에서 계산된 평판수
d = 첫 번째 희석 배수에서 계산된 평판의 희석 배수

③ 시료 1 mL당 미생물의 수(CFU/mL) = (colony 수/평판배지 접종액) × 희석 배수

구분	희석 배수				
	$\times 10^2$	$\times 10^3$	$\times 10^4$	$\times 10^5$	$\times 10^6$
집락 수	TNTC	TNTC*	65	6	0

- 15–300개의 집락을 생성한 형판을 채택한 결과 65×10^4이므로 $65 \times 10^4 = 65 \times 10^4$CFU/mL
- 높은 단위로부터 3단계에서 반올림하여 유효숫자를 2단계로 끊어 이하를 0으로 하면 6.5×10^5CFU/mL 이다.

* TNTC: Too Numerous To Count

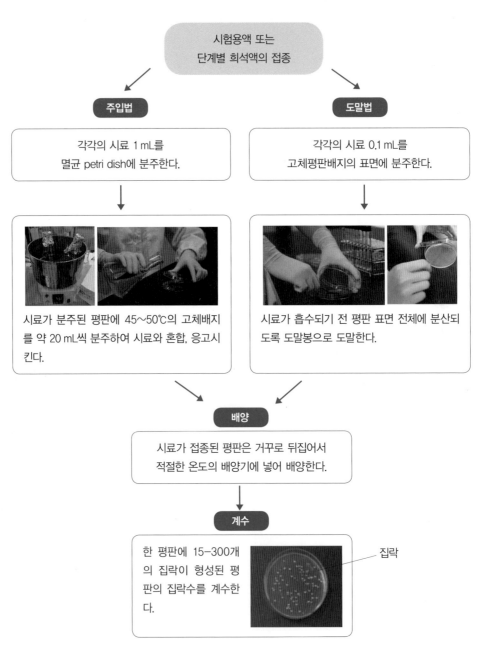

시험용액 또는
단계별 희석액의 접종

주입법

각각의 시료 1 mL를
멸균 petri dish에 분주한다.

시료가 분주된 평판에 45~50℃의 고체배지
를 약 20 mL씩 분주하여 시료와 혼합, 응고시
킨다.

도말법

각각의 시료 0.1 mL를
고체평판배지의 표면에 분주한다.

시료가 흡수되기 전 평판 표면 전체에 분산되
도록 도말봉으로 도말한다.

배양

시료가 접종된 평판은 거꾸로 뒤집어서
적절한 온도의 배양기에 넣어 배양한다.

계수

한 평판에 15-300개
의 집락이 형성된 평
판의 집락수를 계수한
다.

집락

그림 2-2 도말평판법과 주입식 평판배양법에 의한 생균수 측정법

실험 목적

분광광도계를 이용하여 액체 상태 시료의 흡광도를 측정함으로써 시료에 포함된 미생물 세포의 양을 확인하는 방법인 탁도 측정법(turbidity measurement)을 익힌다.

배경 및 원리

분광광도계를 사용하여 세포 현탁액의 탁도를 측정하여 미생물 세포의 양을 간단하게 추정하는 방법으로, 빠른 시간에 많은 양의 시료를 간단하게 측정할 수 있기 때문에 널리 사용된다.

 액체배지 중에 부유되어 있는 균체는 빛을 흡수하거나 산란시킨다. 세균배양액을 일정한 파장(600 또는 660 nm)의 빛을 통과시킬 경우, 균체량이 많을수록 더 많은 양의 빛을 흡수하여 흡광도(광학밀도, optical density)가 증가하므로 흡광도는 균체량에 비례한다. 따라서 탁도법은 세균 배양액의 흡광도를 측정함으로써 세균의 균체량 측정이 가능하므로 신속하게 대략적인 균수 측정 시나 균을 대량 배양할 때, 샘플의 수가 많은 경우에 유용하게 이용된다. 또한 세균의 배양 시간에 따른 균수의 변화를 조사하여 세균의 생육곡선(growth curve)을 그리고, 세대시간을 구할 수 있다.

재료 및 도구

– 미생물: 대장균(*Escherichia coli*) 배양액

– 배지: nutrient broth (NB) 배지

– 기기 및 도구: 항온배양기(incubator), 분광광도계(spectrophotometer), 큐벳(cuvette), 분무기, 종이와이퍼, 비커(beaker), 스포이드 등

실험 방법

1. 대장균을 NA broth에 접종하여 시간별로 측정하거나, 12시간 정도의 배양액을 희석하여 준비한다.

2. 분광광도계는 사용하기 전에 15분 정도 warming up한 다음 파장을 600 nm로 조정하고, 증류수를 사용하여 영점을 맞춘다. 대조구(blank)는 균을 접종하지 않은 멸균 배지를 사용한다.

3. *E. coli* 배양액 또는 희석액을 큐벳에 취하여 흡광도를 측정한다.

실험 목적	혈구계수기의 사용법을 익히고, 현미경을 통해 격자무늬 속의 세포수를 계수하고, 총 효모의 수를 계산하는 방법을 익힌다.
배경 및 원리	혈구계수기(hemocytometer)를 이용한 균수측정법은 직접 현미경 계수법에 속하는 방법 중의 하나이다. 혈구계수기의 계수판(counting chamber)은 바둑판 모양의 격자가 25개의 큰 구획으로 나뉘어 있다. 하나의 큰 구획은 16개의 작은 구획으로 세분화되어 있으며, 가로세로 각각 0.05 mm, 높이는 0.1 mm로 되어 있다. 1개의 작은 구획의 부피는 $0.05 \times 0.05 \times 0.1 = 0.25 \times 10^{-6}$ mL이며, 4구획의 부피는 $4 \times 0.25 \times 10^{-6}$ mL $= 10^{-6}$ mL이다. 따라서 혈구계수기는 효모 배양액을 혈구계수기의 격자 모양이 그려져 있는 계수판에 파스퇴르피펫을 이용하여 시료를 채운 후 4개 구획에 분포하는 미생물수를 계수하여 시료 mL당 균수로 환산하여 미생물 양을 측정하는 방법이다.
재료 및 도구	– 미생물: 세균 및 효모 배양액
	– 기기 및 도구: 혈구계수기(hemocytometer), 커버 글라스(cover glass), 마이크로 피펫(micropipette), 피펫팁(pipette tip), 파스퇴르 피펫(pasteur pipette), 볼텍스 믹서(vortex mixer)

실험 방법

1. 혈구계수기와 커버 글라스를 깨끗하게 세척하고, 종이와이퍼로 물기를 제거한다.
2. vortex mixer로 효모 배양액을 균질화한 다음, 마이크로피펫 또는 파스퇴르 피펫을 이용하여 시료를 취하여 혈구계수기 가장자리 오목한 부분에 1 방울을 떨어뜨려 모세관 현상에 의해 혈구계수기 홈 전체에 균액이 퍼지게 한다.
3. 시료를 상부로부터 기포가 생기지 않도록 조심해서 커버 글라스를 덮고, 현미경 재물대 위에 올려놓는다.
4. 현미경의 배율을 100배 또는 400배로 하여 초점을 맞추고, 격자무늬 속의 세포수를 센다. 한 구획에 5-15개의 세포수가 포함되도록 하고, 총 4구획에 있는 세포수를 센다.

5. 혈구계수기의 4 구획의 부피는 10^{-6} mL에 해당하므로 시료 1 mL 중의 효모수는 4구획의 평균 효모수에 10^{6}을 곱하여 계산한다. 이때 시료를 희석하였다면 희석 배수를 곱하여 환산한다.

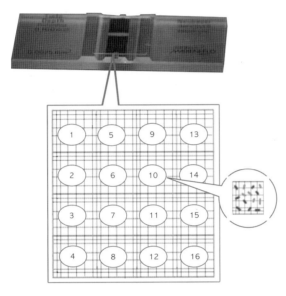

그림 2-3 혈구계수기 및 진균 배양액 주입법

5. 미생물 생육의 제어 – 물리적 제어와 화학적 제어

식품에 오염된 미생물은 식품의 부패를 일으킬 수 있으며, 특정의 병원성 미생물은 식품과 더불어 섭취 시 식중독을 일으킬 수 있다. 따라서 식품 중의 미생물 생육을 제어하면 식품의 부패와 식중독을 예방하여 식품의 안전성 확보 및 저장성을 증가시킬 수 있다.

식품에서의 미생물 제어 방법은 크게 물리적 방법과 화학적 방법으로 구분할 수 있다. 물리적 제어 방법은 열을 가하여 미생물을 제어하는 가열처리방법과 자외선과 감마선으로 조사하는 비열처리방법 등이 있다. 화학적 제어 방법에는 다양한 종류의 항균물질이 있으며, 그 사용 목적에 따라서 살균 소독제, 방부제, 또는 식품보존제 등으로 구분할 수 있다.

항균성 물질의 항균효과는 paper disc법과 agar well diffusion법으로 측정하고, 항균물질에 의해 생성된 투명환(inhibition zone)의 크기를 측정하여 활성을 나타낼 수 있다.

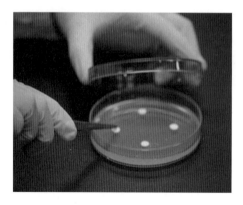

그림 2-4 미생물 생육 억제환(inhibition zone)의 크기 측정

실험 2-5
자외선 조사에 의한 미생물 생육억제 효과 측정

실험 목적	자외선 조사에 따른 미생물의 생육억제 효과를 조사해 본다.
배경 및 원리	미생물은 파장이 가장 짧은 이온화 방사선(ionization)인 X선과 감마선, 그리고 비이온화 방사선인 자외선에 의해 세포의 DNA가 파괴 또는 사멸될 수 있다.

자외선의 파장 범위는 약 100-400 nm이며, 특히 240-280 nm의 파장은 세포의 DNA에 손상을 입혀 세균에 대한 저해효과를 나타낸다. 자외선은 세균의 영양세포, 효모와 곰팡이, 원생동물, 바이러스를 사멸할 수 있는 방법이다. 그러나 유리, 금속, 플라스틱, 종이 등과 같은 고체물질에 대한 투과성이 약하기 때문에 고체의 표면 살균만 가능하다. 이와 같은 자외선 살균의 응용 분야는 식품제조를 위한 작업대나 공기, 식수의 살균, 식당에서 수저나 컵 등의 살균, 고춧가루와 같은 식품의 살균 등에 이용되고 있다.

재료 및 도구

- 미생물: *Bacillus subtilis, Escherichia coli*
- 배지(평판배지): nutrient agar (NA) 배지
- 기기 및 도구: 항온배양기(incubator), 무균작업대(clean bench), 마이크로피펫(micropipette), 피펫팁(pipette tip)
- 기타: 멸균 면봉 또는 도말봉(spreader)

실험 방법

1. 각 평판배지 바닥은 한 줄로 그어 2등분한다.
2. 균주당 3개의 평판배지를 준비하고, 2개로 분획된 평판 배지의 바닥에 접종할 균명을 표시한다.
3. 멸균된 면봉을 사용하여 각 시험균이 겹치지 않도록 고르게 도말한다.
4. 자외선 등(ultraviolet lamp) 밑에 뚜껑을 열고 각각 5분, 15분간 노출시킨다. 이때 자외선에 노출시키지 않은 것을 대조구(control)로 한다.
5. 평판의 뚜껑을 닫고, 37℃에서 24-48시간 배양 후 각 평판의 균의 증식 여부를 관찰한다.

실험 목적	알코올의 농도별 미생물의 생육억제 효과를 조사해 본다.
배경 및 원리	알코올은 하나 이상의 알코올(-OH) 작용기를 가진 무색의 탄화수소로서, 여러 가지 알코올 중에서 에탄올과 이소프로판올은 항균 작용이 있다. 에탄올과 이소프로판올은 시판되고 있는 손세정제의 주성분이며, 50-95%의 농도에서는 세포막의 지질을 용해시키고 단백질의 변성을 초래하여 항 미생물 활성을 나타내며, 일반적으로 체세포 상태의 세균과 곰팡이의 포자까지 일부 사멸시킬 수 있다. 70%의 에탄올은 실험실에서도 실험대와 무균작업대(clean bench) 소독용으로도 많이 사용되고 있다. 알코올의 미생물에 대한 생육억제 활성은 paper disc method를 사용하여 측정할 수 있으며, 항균효과는 생육억제환(inhibition zone)의 크기와 비례하여 나타난다.
재료 및 도구	− 미생물: 그람양성균(*Staphylococcus aureus*), 그람음성균(*Escherichia coli*) − 배지: Mueller-Hinton agar (MHA) 배지 − 기기 및 도구: 항온배양기(incubator), 무균작업대(clean bench), 멸균 핀셋, 마이크로피펫(micropipette), 피펫팁(pipette tip) − 기타: 멸균 paper disc(8 mm), 멸균 면봉 또는 도말봉(spreader) − 생육 억제제: 30%, 70%, 99% 에탄올(ethanol), 항생제 1종(대조구)

실험 방법

1. MHA 배지가 들어있는 평판의 뚜껑에 시험 일자, 시험균의 명칭, 시험자 등을 기재한다.

2. 평판의 바닥에 시험용액을 분주할 위치에 농도 표시를 한다.

3. 면봉에 각 균주의 현탁액을 묻힌 후 MHA 배지에 골고루 도포하여 뚜껑을 덮은 후 5분 정도 흡수, 건조시킨다. 흡수가 되지 않은 상태에서 멸균 paper disc를 올렸을 경우 항균액(알코올, 항생제)의 확산이 제대로 일어나지 않으므로 완전히 흡수된 것을 확인하고 멸균 paper disc를 올린다.

4. 멸균 paper disc를 평판배지 위에 올리고, 각각의 disc 위에 30%, 70%, 99%의 에탄올과 항생제(대조구)를 10 μL씩 분주한다. 이때 paper disc 위에 10 μL씩 분주하는 대신 paper disc를 항균시험용액에 적셔 배지 위에 올리는 방법으로 대체 가능하다.
5. 평판배지의 뚜껑을 덮고, 35℃에서 24시간 정도 배양 후 생육억제 활성을 확인한다.
6. 생육억제환의 크기(inhibition zone size)를 측정하여 알코올의 농도별 항균효과를 대조구인 항생제와 비교하여 본다.

실험 목적	유기산의 식품보존제로서의 항균 활성을 알아본다.
배경 및 원리	식초의 주성분인 초산과 젖산발효유의 젖산(유산), 감귤류에 함유되어 있는 구연산 등의 유기산은 세균뿐만 아니라 포자 발아와 곰팡이의 생장을 억제할 수 있기 때문에 식품보존용으로도 많이 이용된다. 초산은 세균의 생장을 억제하기 위한 피클 제조용, 프로피온산은 곰팡이의 생육 지연을 위해서 빵과 케이크, benzoic acid와 sorbic acid는 효모를 억제하기 위하여 음료나 시럽 등에 첨가되기도 한다. 이들 유기산은 해리되지 않은 분자나 음이온 상태에서는 세포내로 투과되어 세포내 pH를 떨어뜨려 단백질을 응고시켜 미생물의 생육을 저해할 수 있다.
재료 및 도구	− 미생물: 세균(*Escherichia coli*), 곰팡이(Penicillium), 효모(Saccharomyces)
	− 배지: Mueller-Hinton agar(MHA) 배지, potato dextrose agar(PDA) 배지
	− 기기 및 도구: 항온배양기(incubator), 무균작업대(clean bench), 멸균 핀셋, 마이크로피펫(micropipette), 피펫팁(pipette tip), paper disc(8 mm), 멸균 면봉 또는 도말봉(spreader)
	− 시료: 식초(acetic acid), 발효유, 레몬즙(citric acid), 항생제 1종(대조구)

실험 방법

1. 세균용 배지(MHA 배지)와 진균용 배지(PDA 배지)가 함유된 각각의 평판 뚜껑에 시험 일자, 균 명칭, 시험자 등을 기재한다.

2. 각각의 평판 바닥에 시험용액을 분주할 위치를 유성펜으로 표시한다.

3. 세균 배양액은 멸균 면봉에 묻힌 후 MHA agar 평판배지의 표면에 도포하고, 곰팡이와 효모 배양액을 각각 면봉에 묻힌 후 PDA 평판배지 표면에 골고루 도포하여 뚜껑을 덮은 후 5분 정도 흡수, 건조시킨다.

4. 멸균 핀셋을 이용하여 각각의 멸균 paper disc를 시험용액(식초, 요구르트, 레몬즙, 항생제)에 적시고, 흡수되지 않은 여분의 액은 용기의 기벽을 이용하여 제거한 다음, 평판배지 위의 표시된 곳에 가볍게 올려놓는다.

5. 평판배지의 뚜껑을 덮고, 35℃에서 24-48시간 배양 후 생육억제 활성을 확인하고, 투명 환(clear zone)의 크기를 측정하여 시료의 항균효과를 비교하여 본다.

PART 2

HACCP 적용을 위한
식품의 미생물 검사

CHAPTER 3

—

HACCP과
식품의
미생물 검사

1. 식품안전과 HACCP(안전관리인증기준)의 이해

최근에는 식품의 산업화와 식품 소비 패턴의 변화, 단체급식의 증가 등에 따라 식품 안전 관련 사건이 빈번하게 발생하고 있다. 또한 식중독 사고 유형이 대형화되어 개인의 건강을 해칠 뿐만 아니라 사회적 비용도 증가하고 있다. 따라서 정부에서는 식품의 안전성 확보를 위한 전담부서를 지정하여 관리하고 있으며, 식품안전 관련 법규를 강화하여 적용하고 있다. 또한 식품안전에 대한 소비자와 식품산업계의 인식이 향상됨에 따라, 식품 관련 업계에서도 식품을 안전하게 생산, 가공, 유통하기 위하여 기존의 품질관리를 포괄하는 식품안전센터를 설치 운영하는 추세가 확산되고 있을 뿐만 아니라, 식품안전관리시스템인 HACCP 제도를 도입하여 확대적용하고 있다.

  HACCP(안전관리인증기준)은 Hazard Analysis(위해요소분석)와 Critical

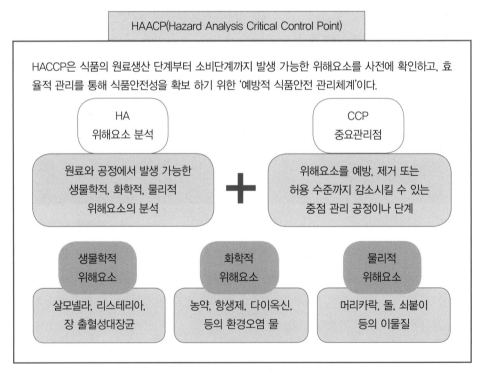

그림 3-1 HACCP의 정의

Control Point(중요관리점)의 약자로, '안전관리인증기준'으로 불리는 식품안전관리 시스템이다(그림 3-1).

HACCP 시스템은 〈그림 3-2〉와 같이 선행요건, 사전 준비 5단계, HACCP 7원칙의 3단계로 구성되어 있다. 이는 국제식품규격위원회(CODEX)에서 'HACCP 적용을 위한 가이드라인'으로 제시한 HACCP 적용을 위한 준비 5단계와 HACCP 7원칙을 포함하는 12절차를 포함하고 있다. 즉 HACCP 시스템을 실행하기 위해서는 적절한 기준 수립 과정에 참여하고, 수립된 기준을 실행할 HACCP 팀 구성을 비롯한 사전준비 5단계와 제품 생산 환경 및 공정 과정에 대한 모니터링을 통해 원료 및 제조 과정, 환경에서 발생할 수 있는 문제점을 파악하고 효율적으로 제어하기 위하여 HAACP 7원칙을 포함하는 12절차를 적용해야 한다. 또한 HACCP의 12절차의 적용을 위해서는 먼저 선행요건 프로그램을 구축해야 한다. HACCP의 선행요건 프로그램은 위생적인 식품생산을 위한 시설 및 설비를 구비해야 하며, 식품 취급 환경의 관리 및 식품 취급자의 위생관리 등의 기준을 수립하고 관리하는 것으로써, 표준위생관리기준(SSOP)과 우수제조시설기준(GMP) 등의 국제기준을 포함하고 있다.

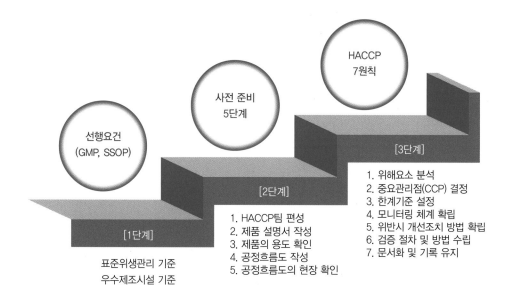

그림 3-2 HACCP의 구성

표 3-1 위해요소의 종류

구분	위해 요소
생물학적 위해요소	병원성대장균(pathogenic *E. coli*), 살모넬라(*Salmonella*), 황색포도상구균(*Staphylococcus*), 리스테리아 모노사이토제네스(*Listeria monocytogenes*), 클로스트리디움 퍼프린젠스(*Clostridium perfringens*), 캠필로박터 제주니 (*Campylobacter jejuni*), 비브리오(*Vibrio*), 노로바이러스(Norovirus) 등
화학적 위해요소	식물 유래 독소, 식품첨가물, 항생제, 잔류농약, 중금속 등
물리적 위해요소	금속조각, 머리카락, 돌, 해충 사체 및 설치류의 배설물 등

HACCP(안전관리인증기준) 제도는 식품 원료의 생산 단계부터 소비단계까지의 발생 가능한 위해요소를 사전에 확인하고, 효율적으로 관리하여 식품의 안전성을 확보하기 위한 예방적 식품안전 관리시스템이다.

식품산업에서 위해요소란 식품과 더불어 섭취했을 때 건강에 부정적 영향을 미칠 수 있는 모든 원인을 일컫는 용어로, 미생물학적 요소를 비롯한 생물학적 인자, 화학적 인자, 물리적 인자로 구분할 수 있다(표 3-1).

위해요소를 종합적으로 평가하기 위해서는 위해요소의 심각성과 발생가능성을 평가해야 한다. 위해요소의 심각성은 CODEX, FAO, NACMCF 등의 국제적 기관별로 기준을 제시하고 있으며, 높음, 보통, 낮음으로 구분하고 있다. 생물학적 위해요소에 대한 기관별 분류 기준은 〈표 3-2〉와 같다.

2. HACCP 적용을 위한 식품의 생물학적 위해요소(미생물) 검사

가공이나 무균적 처리를 하지 않은 식품 또는 식품의 재료에는 다양한 미생물이 존재한다. 식품에 오염되어 있는 미생물의 종류 및 미생물 오염량은 식품의 품질 지표가 될 뿐만 아니라, 식품제조공정에서의 위생관리 지표가 될 수 있다. 또한 일부 병원성 미생물과 이들이 생성한 독소가 식품에 오염되어 있는 경우, 식품과 더불어 섭취되어 식중독을 일으킬 수 있으므로 식품의 안전성 확보를 위한 HACCP 적용에서

표 3-2 생물학적 위해요소의 기관별 분류 기준

	높음	보통	낮음
CODEX	건강에 치명적 *Clostridium botulinum toxin,* *Salmonella(typhi), Shigella* *dysenteriae, Vibrio cholera,* *Vibrio vulnificus,* Hepetitis A(or E) virus, *Listeria monocytogenes*(일부), *E. coli* O157:H7	잠재적 전염성 *Enteropathogenic* *E. coli, Salmonella* spp., *Shigella* spp., *Vibrio parahaemolyticus,* *Listeria monocytogenes,* Rotavirus, Norwalk virus	개인에 제한된 질병(제한적 전염성) *Bacillus cereus, Clostridium* *perfringens,* *Campylobacter jejuni,* *Yersinia enterocolitica,* *Staphylococcus aureus* toxin
FAO	*Clostridium botulinum,* *Salmonella typhi,* *Listeria monocytogenes,* *E. coli* O157:H7, *Vibrio cholera,* *Vibrio vulnificus*	*Brucella* spp. *Campylobacter* spp. *Salmonella* spp., *Streptococcus* type A, *Yersinia enterocolitica,* Hepetitis A virus	*Bacillus* spp., *Clostridium perfringens,* *Staphylococcus aureus,* Norwalk virus, 대부분의 기생충
NACMCF	건강에 치명적(사망 가능) *Clostridium botulinum* type A,B,E,F, *Salmonella typhi,* *sal, paratyphi* A, B, *Shigella dysenteriae,* *Vibrio cholera,* *Vibrio vulnificus,* *Listeria monocytogenes,* *E. coli* O157:H7, hepatitis A,B, 등	잠재적으로 광범위한 영향(입원) Pathogenic *E. coli,* *Salmonella* spp., *Shigella* spp., *Cryptosporidium pavum,* Rotavirus, Norwalk virus	가벼운 질환 *Bacillus cereus,* *Vibrio parahaemolyticus,* *Clostridium perfringens,* *Yersinia enterocolitica,* *Staphylococcus aureus,* *Giardia lamblia*

도 미생물 검사는 매우 중요한 항목이다.

식품 및 축산물의 미생물 안전성 확보를 위한 미생물 검사는 식품 및 식품 재료의 미생물 오염도 검사, 식품에의 미생물 오염원 검사로 구분할 수 있으며, HACCP 적용을 위한 주요 미생물 검사 항목과 방법은 〈표 3-3〉과 같다.

1) 식품 및 식품 재료의 미생물 오염도 검사

① **신선도 및 품질 검사**: 일반 세균수 검사, 진균 검사

표 3-3 HACCP 적용을 위한 주요 미생물 검사 항목 및 검사법

구분	높음	낮음
식품, 축산식품	일반 세균, 지표세균, 식중독균	건조필름, 식중독균 검출 키트
먹는 물	대장균, 대장균군, 살모넬라, *Yersinia enterocolitica*, 식중독 바이러스	수질 검사 키트
식품 취급자(손, 복장)	포도상구균, 일반 세균	핸드 플레이트, ATP 측정
식품 취급 기구 및 도구	대장균, 대장균군, 살모넬라	ATP 측정
식품 관련 장비 및 설비	일반 세균	ATP 측정
식품 취급 환경	일반 세균, 진균	건조 필름

② **지표세균 검사**: 대장균 검사, 대장균군 검사

③ **식중독균 검사**: 병원성 대장균 검사, 살모넬라 검사, 리스테리아 검사 등

2) 식품에의 미생물 오염원 검사: 위생 검사

① **식품의 취급 환경의 오염도**: 공중낙하균 검사

② **식품 취급자(가공, 조리, 운송)**: 개인 위생 검사

③ **식품 취급 기구 및 도구의 오염**: 표면 오염도 검사

3. 개정된 식품위생법에 제시된 미생물 시험법의 특징

식품안전에 대한 소비자의 요구 증대에 따라 정부에서도 식품안전 관련 행정을 강화하고 있다. 식품안전을 총괄하는 식품의약품안전처의 분리 독립과 식품안전관리인증센터의 설치 운영을 통해 식품안전 관련 업무의 일원화와 식품안전 관련 법규의 정비도 이루어지고 있다. 2017년까지는 식품과 축산물 및 축산가공식품의 위생관리를 위한 관련 법률과 주무부처가 별도로 운영되어왔으나 축산물을 제외한 일반식품은 '식품위생법', 축산물은 '축산물위생관리법'에 근거하여 각각의 성분규격 및 기준

을 설정하고, 미생물학적 안전성 확보를 위한 미생물 규격 기준과 미생물 시험법은 각각 '식품공전'과 '축산물 가공기준 및 성분규격'에서 별도로 다루었다. 2018년 1월 1일부터 식품위생법의 개정에 따라 축산물가공품을 식품으로 통합하여 식품위생법에서 다루고 있다.

또한 개정된 식품위생법의 '식품의 미생물 시험법'은 식품산업의 활성과 국민건강 보호 및 수출입 시 무역마찰 감소를 위한 미생물 검사의 대표성과 신뢰도 확보 차원에서 통계적 개념을 도입하여 적용하고 있으며, 그 내용은 다음과 같다(2017년 개정).

① 미생물의 특성상 제품 중 오염이 균일하지 않음에도 불구하고 하나의 시료를 검사하여 판정하는 제도를 개선하기 위하여 국제식품규격위원회(Codex), 미국, EU 등 주요 국가에서 운영하고 있는 통계적 개념의 미생물 기준·규격을 도입하였다.

② 과채주스, 즉석섭취편의식품 등 87개 식품유형 중 126개의 미생물 규격에 통계적 개념[이군법(n, c, m) 및 삼군법(n, c, m, M)]을 도입하였다.

③ 식중독균을 축산물가공품 유형별로 선별 적용할 수 있도록 개선하였다.

따라서 2부에서는 개정된 식품위생법의 내용을 반영하여 식품의 생산과 유통, 저장 등의 과정에서 식품의 안전성을 해칠 우려가 있는 일반미생물과 식품의 위생지표 및 분변오염지표균, 주요 식중독균 등의 검사 방법을 소개하고, 아울러 식품안전 관련 위생 검사를 다룬다.

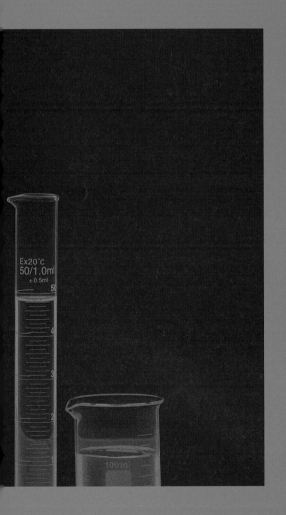

CHAPTER 4

식품의 미생물 검사를
위한 검체의 채취 및
시험용액 제조

식품에 분포하는 미생물은 식품을 취급하는 과정 중에도 지속적으로 증식하거나 사멸할 수 있으므로 시료의 취급이 적절하지 않거나 시험용액의 제조 과정이 올바르지 않을 경우에는 분석 결과에 치명적인 영향을 미칠 수 있다. 따라서 미생물 분석을 위한 식품 시료는 오염되거나 변하지 않도록 주의하며, 식품위생법에서 제시된 방법에 따라 적절하게 다루어야 한다. 식품에 대한 미생물학적 분석 결과에 의해 행정 처분 등의 제제도 가능하고, 해당 식품 섭취에 의해 대형 식중독 사고가 발생할 수도 있다.

우리나라의 식품위생법에 제시된 식품 검체의 채취 및 미생물 시험을 위한 시험용액 제조법은 식품공전 '제6. 검체의 채취 및 취급 방법'과 '제10. 일반시험법' 중에 '4. 미생물 시험법'이 제시되어 있으며, 주요 내용은 다음과 같다.

1. 미생물 검사를 위한 식품 검체의 채취(식품공전)

가. 검체 채취기구는 미리 핀셋, 시약스푼 등을 몇 개씩 건열 및 화염멸균을 한 다음, 검체 1건마다 바꾸어 가면서 사용해야 한다.

나. 검체가 균질한 상태일 때에는 어느 일부분을 채취하여도 무방하나 불균질한 상태일 때에는 여러 부위에서 일반적으로 많은 양의 검체를 채취해야 한다.

다. 미생물학적 검사를 하는 검체는 잘 섞어도 균질하게 되지 않을 수 있기 때문에 실제와는 다른 검사 결과를 가져올 경우가 많다.

라. 미생물학적 검사를 위한 검체의 채취는 반드시 무균적으로 행해야 한다.

마. 미생물 규격이 n, c, m, M으로 표현된 경우, 정하여진 시료수(n) 만큼 검체를 채취하여 각각을 시험한다.

바. 소, 돼지의 도체 표면에서 시료 채취 시는 금속, 알루미늄 호일 또는 골판지 등으로 된 시료 채취틀이 필요하다. 금속틀을 재사용할 경우 소독수에 담근 후 증류수로 세척 및 건조시켜 사용하고 알루미늄 호일, 골판지 등은 종이로 포장하여 멸균한 후 1회용으로 사용한다.

사. 소 및 돼지 등의 도체는 표면(10 cm×10 cm)의 3개 부위에서 채취하여 검사하는 것을 원칙으로 하고 부득이한 경우에 1개 부위(흉부 표면)에서 채취하여 검사할 수도 있으며, 닭의 도체는 1마리 전체를 세척하여 검사함을 원칙으로 한다.

아. 기타 제반사항은 제9. 검체의 채취 및 취급 방법을 참고하여 따른다.

2. 식품의 미생물 검사를 위한 시험용액의 제조(식품공전)

가. 미생물검사용 시료는 25 g(mL)을 대상으로 검사함을 원칙으로 한다. 다만 시료의 량이 적은 불가피한 경우 그 이하의 양으로 검사할 수도 있다.

나. 미생물 정성시험을 할 때 5개 시료에서 각각 채취한 25 g(mL)을 검사하거나 5개 시료에서 25 g(mL)씩 채취하여 섞은(pooling) 125 g(mL)을 검사할 수 있다.

다. 채취한 검체는 희석액을 이용하여 필요에 따라 10배, 100배, 1,000배 등 단계별 희석용액을 만들어 사용할 수 있다.

라. 희석액은 멸균생리식염수, 멸균인산완충액 등을 사용할 수 있다. 단, 별도의 시험용액 제조법이 제시되는 경우 그에 따른다.

마. 검체를 용기 포장한 대로 채취할 때에는 그 외부를 물로 씻고 자연 건조시킨 다음 마개 및 그 하부 5-10 cm의 부근까지 70% 알코올탈지면으로 닦고, 화염멸균한 후 냉각하고 멸균한 기구로 개봉, 또는 개관하여 2차 오염을 방지해야 한다.

바. 지방분이 많은 검체의 경우는 Tween 80과 같은 세균에 독성이 없는 계면활성제를 첨가할 수 있다.

사. 실험을 실시하기 직전에 잘 균질화하고 검사검체에 따라 다음과 같이 시험용액을 제조한다.

① **액상 검체**: 채취된 검체를 강하게 진탕하여 혼합한 것을 시험용액으로 한다.

② **반유동상검체**: 채취된 검체를 멸균 유리봉 또는 시약스푼 등으로 잘 혼합한 후 그 일정량(10-25 mL)을 멸균용기에 취해 9배 양의 희석액과 혼합한 것을 시험

용액으로 한다.

③ **고체 검체**: 채취된 검체의 일정량(10-25 g)을 멸균된 가위와 칼 등으로 잘게 자른 후 희석액을 가해 균질기를 이용해서 가능한 한 저온으로 균질화한다. 여기에 희석액을 가해서 일정량(100-250 mL)으로 한 것을 시험용액으로 한다.

④ **고체표면 검체**: 검체표면의 일정면적(보통 100 cm^2)을 일정량(1-5 mL)의 희석액으로 적신 멸균거즈와 면봉 등으로 닦아내어 일정량(10-100 mL)의 희석액을 넣고 강하게 진탕하여 부착균의 현탁액을 조제하여 시험용액으로 한다.

⑤ **분말상 검체**: 검체를 멸균 유리봉과 멸균 시약스푼 등으로 잘 혼합한 후 그 일정량(10-25 g)을 멸균용기에 취해 9배 양의 희석액과 혼합한 것을 시험용액으로 한다.

⑥ **버터와 아이스크림류**: 버터와 아이스크림류는 40℃ 이하의 온탕에서 15분 내에 용해시켜 10-25 mL를 취한 후 희석액을 가하여 100-225 mL로 한 것을 시험용액으로 한다.

⑦ **캡슐 제품류**: 캡슐을 포함하여 검체의 일정량(10-25 g)을 취한 후 9배 양의 희석액을 가해 균질기 등을 이용하여 균질화한 것을 시험용액으로 한다.

⑧ **냉동식품류**: 냉동 상태의 검체를 포장된 상태 그대로 40℃ 이하에서 될 수 있는 대로 단시간에 녹여 용기, 포장의 표면을 70% 알코올 솜으로 잘 닦은 후 상기 가-사의 방법으로 시험용액을 조제한다.

⑨ **칼·도마 및 식기류**: 멸균한 탈지면에 희석액을 적셔 검사하려는 기구의 표면을 완전히 닦아낸 탈지면을 멸균용기에 넣고 적당량의 희석액과 혼합한 것을 시험용액으로 사용한다.

실험 목적	식품의 미생물 검사를 위한 시험용액(식품의 성상별)의 제조 방법을 익히고, 시험용액의 희석을 위한 피펫 사용법과 정확한 희석법을 숙달한다.

배경 및 원리

무균 처리를 하지 않은 식품은 다양한 미생물이 존재하고 있으며, 식품의 종류와 동일 식품의 부위 및 개체별로 분포하고 있는 미생물의 종류와 양이 다를 수 있다. 식품의 미생물을 검사하기 위해서는 먼저 식품에 분포하고 있는 미생물을 액체 상태에 분산시켜 시험용액을 제조해야 한다. 식품의 미생물 검사를 위한 시험용액의 제조법은 검체의 성상이나 포장상태 등에 따라 다를 수 있으며, 식품공전에 제시되어 있는 방법을 참조하여 제조해야 한다.

미생물검사용 시료에는 어느 정도의 미생물이 포함되어 있는지 알 수 없으며, 시험용액을 희석하지 않고 분석하였을 경우, 정확한 결과를 얻기 어려울 수 있다. 따라서 미생물 검사를 위한 식품의 시험용액은 일반적으로 적절한 희석액을 사용하여 10배 희석 단계별로 희석한 다음 분석한다. 식품공전에서 허용하고 있는 미생물 검사용 희석액은 ① 멸균생리식염수(0.85% NaCl 용액), ② 멸균 인산완충희석액, ③ 펩톤식염완충액(buffered peptone water) 등이 있다. 또한 시험용액의 희석 과정에서 시료 채취량은 정확도가 요구되며, 적은 량의 차이에 의해서도 큰 오류를 초래하게 되므로 정확한 피펫 사용법을 익혀야 한다.

재료 및 도구

– 재료 및 시액: 고체 식품, 분말 식품, 액상 식품, 멸균생리식염수(0.85% NaCl 용액)

– 기기 및 도구: 저울(chemical balance), 스토마커(stomacher), 스토마커용 멸균백(stomacher bag), 멸균 핀셋 또는 멸균 칼(가위), 10 mL과 1 mL 피펫(pipette), 피펫에이드(pipette aid), 시험관(test tube) 및 시험관대(rack), 볼텍스 믹서(vortex mixer), 알코올램프(alcohol lamp), 시약스푼(spatula), 유성펜

실험 방법

1. 식품의 미생물 검사를 위한 시험용액의 제조

(1) 고체 식품(채소류, 육류)의 시험용액의 제조

① 검체 25 g을 멸균 스토마커용 멸균백에 무균적으로 담는다. 검체의 크기가 큰 경우는 멸균된 가위와 칼 등을 이용해 잘게 자른 후 멸균백에 담는다.

② 여기에 멸균생리식염수를 225 mL 가한 후 스토마커를 이용하여 충분히 균질화시킨 것을 시험용액으로 한다.

(2) 분말상 식품(고춧가루)의 시험용액 제조

① 고춧가루와 같은 분말상 식품은 멸균 막대 또는 시약스푼 등으로 잘 혼합한 다음, 25 g을 멸균백에 무균적으로 채취한다.

② 여기에 9 배량(225 mL)의 멸균생리식염수를 가한 후 충분히 균질화시킨 것을 시험용액으로 한다.

(3) 액상 식품(과일주스)의 시험용액 제조

① 과일주스와 같은 액상식품 25 mL를 멸균백에 무균적으로 채취하여 강하게 진탕하여 혼합한 것을 시험용액으로 한다.

② 미생물 정성시험을 할 때는 5개 시료에서 각각 25 mL씩 채취하여 검사하거나 5개 시료에서 25 mL씩 채취하여 혼합한(pooling) 125 mL를 시험용액으로 한다.

2. 식품의 미생물 검사를 위한 시험용액의 희석

(1) 희석액의 제조

〈실험 2-1〉 희석액 제조 참조

(2) 시험용액의 희석

① 시험용액 1 mL를 무균적으로 취하여, 9 mL의 희석액이 든 시험관에 넣고, vortex mixer로 잘 혼합하여 10^{-1} 희석액을 만든다.

② 10^{-1} 희석액 1 mL를 9 mL의 희석액이 든 시험관에 넣고, vortex mixer로 잘 혼합하여 10^{-2} 희석액을 만든다.

③ 10^{-2} 희석액 1 mL를 9 mL의 희석액이 든 시험관에 넣고, vortex mixer로 잘 혼합하여 10^{-3} 희석액을 만들고, 같은 방법으로 10^{-4}, 10^{-5}, 10^{-6} 등등의 필요한 만큼의 희석액을 만든다.

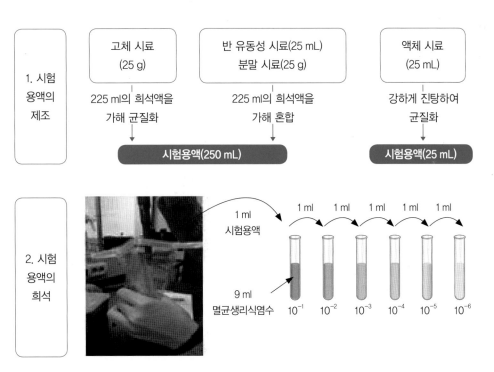

그림 4-1 시험용액의 제조 및 희석

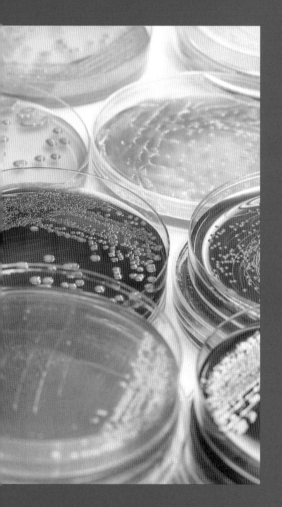

CHAPTER 5

식품의 신선도 판별 및
품질지표로서의
미생물 검사

1. 식품의 일반 세균수

식품 중에 존재하는 미생물의 양은 식품 종류에 따라 다르지만, 멸균 처리를 한 식품을 제외한 일반적인 식품은 어떠한 형태든지 미생물이 존재한다. 일상적인 식품의 생균수는 10^4-10^7 CFU/mL 정도의 많은 세균을 함유하고 있다. 그러나 식품의 제조 및 가공, 유통 등의 과정 중에 세균이 오염되었거나 식품의 저장 중 세균 증식에 의해 일반 세균수(생균수)가 일정 기준 이상으로 검출되는 식품은 비위생적으로 처리되었거나 신선도가 저하된 것으로 추정된다.

보통 식품의 세균학적 안전한계는 1 g 또는 1 mL당 10^5 CFU/g 이내로 판정하며, 세균수가 10^7-10^8 CFU/g인 식품의 경우 신선도가 저하되거나 초기 부패 상태로 본다. 따라서, 식품에서의 일반 세균수는 식품의 품질 관리, 신선도 판별, 위생적 취급 여부 판별, 식중독 발생위험성 추정 등에 유용하게 이용될 수 있다.

2. 식품의 유산균수

유산균은 젖산과 같은 유기산을 생성하여 발효유와 치즈 같은 유제품과 김치류의 발효에 관여하는 유익한 균으로서, 혐기적 상태에서 당을 발효하여 에너지를 획득하고, 주요 대사산물로서 유산을 50% 이상 생성하는 그람양성균을 통칭하여 일컫는 용어이다. 유산균의 종류에는 *Lactobacillus acidophilus*, *Lb. casei*, *Lb. bulgaricus* 등과 같은 유산 간균과 *Lactococcus* spp., *Leuconostoc* spp., *Pediococcus* spp. 과 *Streptococcus thermophilus* 등의 유산 구균이 있다.

유산균은 장내에서 독소를 생성하는 유해균을 저해하여 부패 성분의 발생 및 흡수를 억제하여 정장작용을 할 뿐만 아니라, 면역 증강 작용과 혈중 콜레스테롤 감소 효과 등의 기능이 있는 것으로 밝혀졌다. 따라서 유산균을 함유한 발효식품과 유산균의 기능성을 활용한 건강기능 식품으로서의 유산균 프로바이오틱스 제품이 다양하게 시판되고 있으며, 이들 유산균 함유 제품에 포함되어 있는 유산균의 수는 주요

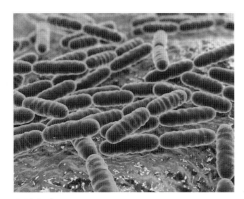

유산간균(*Lactobacillus acidophilus*, *Lactobacillus bulgaricus*)

유산구균(*Lactococcus lactis, Leuconostoc mesenteroides, Streptococcus thermophilus*)

품질지표가 될 뿐만 아니라, 제품의 신선도 및 품질 등급의 판정기준이 되기도 한다.

3. 식품의 진균(효모와 곰팡이)

진핵미생물인 진균은 발육 형태에 의하여 단세포로 증식하는 효모(yeast)와 다세포 또는 다핵성 세포로 된 균사상으로 발육하는 곰팡이(mold)로 나눈다.

　효모는 구형, 타원형, 레몬형 등의 단세포로 존재하며, 토양이나 식물체의 꿀샘, 수액, 과피 등에 널리 분포한다. 효모는 주로 무성생식에 의한 출아법으로 번식하지만, 환경이 불리할 때는 포자를 형성하기도 한다. 효모는 약산성, 중온성, 통성혐기성 특성을 지닌 미생물로서, 전분, 섬유소 등을 분해하는 효소를 생성하지 않는다. 또한 당분을 발효하여 알코올과 이산화탄소를 생성하기 때문에 양조 산업과 제빵 산업에 널리 이용되기도 하지만, 포장 육류 및 과일의 부패를 일으키기도 한다.

　곰팡이는 생육환경이 좋은 상태에서는 실 모양의 균사로 자란다. 균사의 집합체인 균사체를 형성하고 성장하여 황, 적, 청, 홍, 흑색 등의 색을 띠는 포자를 형성하는 다세포성(다핵성)으로, 각각의 개체가 군집을 이루어 증식하기 때문에 육안으로 볼 수 있다.

곰팡이는 세균과 달리 수분이 적은 환경에서도 잘 번식하고, 생육 적온은 25℃ 전후가 대부분이며, 비교적 넓은 pH 범위(pH 2-9)에서 잘 자란다. 대부분의 균류는 세포외 분해효소를 분비하여 당류, 섬유소, 리그닌 등의 다양한 유기물을 분해할 수 있고, 식품에서 증식하여 연부현상과 같은 부패를 일으키는 대표적인 미생물이다.

표 5-1 식품의 부패 관련 주요 곰팡이

분류	유성포자	대표적 속	부패 원인 및 증상
자낭균류	자낭포자	*Aspergillus*	*Asp. niger*(포도, 양파, 땅콩 등의 부패) *Asp. flavus*(아플라톡신(aflatoxin) 생성)
		Penicillium	*Pen. expansum*(사과, 배의 부패), *Pen. italicum*(감귤류 부패), *Pen. citrinum*(황변미)
접합균류	접합포자	*Mucor*	*Mucor racemosus*(과일 부패)
		Rhizopus	*Rhizopus nigricans*(고구마 연부병, 과일 및 빵의 부패)
불완전균류	무성포자	*Botrytis*	*Botrytis cinerea*(딸기의 무름병)
		Alternaria	*Alternaria alternate*(메론, 당근, 고구마 등의 흑반(black rot)병)
		Fusarium	*Fusarium graminearum*(옥수수의 부패)

Aspergillus

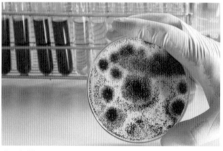

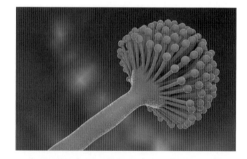

Penicillium

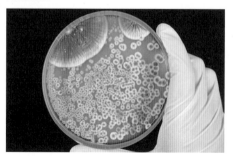

실험 목적

채소의 일반 세균수를 측정하여 미생물의 오염정도와 위생 상태를 비교해본다. 또한 신선 채소류의 세척에 의한 미생물수 감소 효과를 확인한다.

배경 및 원리

샐러드용 채소 및 쌈 채소류는 재배과정뿐만 아니라 유통과정에서도 다양한 미생물에 의해 오염될 수 있으며, 특히 유기농 채소의 경우 재배과정에서 농약이나 화학비료를 사용하지 않기 때문에 유해미생물에 의한 오염도가 클 수 있다. 과일과 채소, 샐러드용 신선채소류는 가열 또는 조리하지 않고 섭취하므로 원료 자체의 신선도 관리뿐만 아니라 세척 및 보관 과정에서의 위생적인 취급이 중요하다.

식품에서의 일반 세균수는 품질관리의 지표로 활용될 수 있는 것으로써, 채소류의 경우 신선도와 관련이 있다. 일반적으로 채소류에는 10^5 CFU/g 정도의 일반 세균이 존재하고 있으나, 신선도가 저하되어 부패가 진행되면 10^7 CFU/g 이상 검출될 수 있다.

식품에서의 일반 세균수 검사를 위한 방법에는 표준한천배지에 검체를 혼합 응고시켜 배양 후 발생한 세균 집락수를 계수하여 검체 중의 생균수를 산출하는 방법인 표준 평판법과 건조필름법이 널리 사용되고 있다.

재료 및 도구

- 시료: 세척 전 후의 채소류(새싹채소, 상추, 양배추, 방울토마토 등)
- 배지 및 희석액: 표준한천배지(Plate count agar, PCA), 멸균생리식염수(0.85% NaCl 용액)
- 기기 및 도구: 고압증기멸균기(autoclave), 스토마커(stomacher), 스토마커용 멸균백(stomacher bag), 저울(chemical balance), vortex mixer, 항온수조(water bath), 멸균배양접시(petri dish), 알코올램프(alcohol lamp), 마이크로피펫(micropipette), 피펫팁(pipette tip), 10 mL 피펫(pipette), 멸균 핀셋과 칼, 시험관(test tube), 시험관대(rack), 비커(beaker), 70% alcohol

실험 방법

1. 시료의 준비 및 시험용액의 제조(chapter 4 참조)

① 세척 전 시료(sample 1)의 시험용액과 희석 시료를 준비한다.

② 세척 후 시료(sample 2)의 시험용액과 희석 시료를 준비한다.

2. 시험용액의 일반 세균수 측정

① PCA 배지는 고압증기멸균 후 항온수조에서 45-50℃를 유지시켜둔다.

② 멸균배양접시 뚜껑에 시료명과 희석 배수를 기재한다.

③ 단계별로 희석된 시험용액 1 mL와 10배 단계 희석액 1 mL씩을 각각의 멸균배양접시 2개 이상에 무균적으로 취한 다음 약 45-50℃로 유지해 둔 PCA 배지를 약 15-20 mL 씩 무균적으로 분주한다. 이때 멸균배양접시 뚜껑에 배지가 묻지 않도록 주의하면서 검체와 배지를 잘 섞은 후 냉각, 응고시킨다.

④ 확산집락의 발생을 억제하기 위하여 다시 PCA 배지 3-5 mL를 가하여 중첩시킨다. 이 경우 검체를 취하여 배지를 가할 때까지의 시간은 20분 이상 경과하여서는 안 된다.

⑤ 시험용액을 가하지 아니한 동일 희석액 1 mL를 대조시험액으로 하여 시험조작의 무 균여부를 확인한다.

⑥ 배지가 응고된 것을 확인한 후 멸균배양접시는 뒤집어서 35±1℃에서 48±2시간(시료 에 따라서 30±1℃ 또는 35±1℃에서 72±3시간) 배양한다.

⑦ 배양 후 생성된 집락수를 계수하고, 계수된 집락은 시험용액의 희석 배수를 곱하여 시료 1 mL에 포함된 일반 세균수를 나타낸다. 집락수의 계수는 확산집락이 없고 1개 의 평판당 15-300개의 집락을 생성한 평판을 택하여 집락수를 계산하는 것을 원칙으 로 한다.

3. 세척에 의한 채소류의 일반 세균수 감소 효과

세척 전 채소류와 세척 후 채소류의 일반 세균수를 비교하여 세척에 의한 일반 세균수 감소 효과를 판정한다.

일반 세균수 환산의 예시

구분	희석 배수		CFU/g(mL)
	1:100	1:1,000	
집락 수	$\dfrac{215}{273}$	$\dfrac{19}{28}$	2.4×10^4

$$N = \frac{\Sigma C}{\{(1 \times n1) + (0.1 \times n2)\} \times (d)}$$

N= 시료 g 또는 mL당 세균 집락수
ΣC = 모든 평판에 계산된 집락수의 합
n1 = 첫 번째 희석 배수에서 계산된 평판수
n2 = 두 번째 희석 배수에서 계산된 평판수
d = 첫 번째 희석 배수에서 계산된 평판의 희석 배수

$$N = \frac{(215+273+19+28)}{\{(1 \times 2) + (0.1 \times 2)\} \times 10^{-2}} = 535/0.022 = 24,318 \Rightarrow 24,300$$

※ 표준 평판법에 있어서 검체 1 g(mL) 중의 세균수를 기재 또는 보고할 경우, 유효숫자 2자리로 나타낸다.

결론: 시료 1 g(mL)의 일반 세균수는 2.4×10^4 CFU/g(mL)

1. 시험용액의 희석	2. 고체배지의 항온	3. 접종

시험용액 1 mL를 9 mL의 멸균생리식염수에 가해 10 배 희석액을 만든다.	고압증기멸균한 고체배지는 항온 수조에서 약 45–50℃ 로 유지한다.	

3. 접종 멸균 배양접시에 각각의 시료 1 mL을 주입한 다음, 약 43–45℃의 고체 배지를 평판에 약 20 mL씩 분주하여 시료와 배지를 혼합 응고시킨다.

4. 배양	5. 집락의 계수
시료가 접종된 평판은 응고 된 후 거꾸로 뒤집어서 35 ±1℃에서 48±2시간 배양 한다.	집락 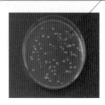

5. 집락의 계수 한 평판에 15–300개의 집락이 형성된 평판의 집락수를 계수한 다.

그림 5-1 주입평판법에 의한 일반세균수 측정

실험 목적	유산균 음료에 함유되어 있는 유산균수를 검사하여 신선도를 판정한다.

배경 및 원리

유산균은 유당을 발효하여 젖산을 생성하는 그람양성 세균으로서, 장내에서 독소를 생성하는 유해균을 억압하여 부패성분의 발생 및 흡수를 억제하여 정장 작용을 하는 유익한 균이다. 따라서 유산균은 건강을 위해 섭취할 수 있는 유산균 발효식품 또는 유산균 프로바이오틱스(probiotics) 제제 형태의 제품이 다양하게 시판되고 있다.

발효유의 유산균수에 대한 규격 기준은 10^7 CFU/mL 이상이며, 유산균 음료는 발효유를 희석하여 만든 제품으로써, 10^6 CFU/mL 이상의 유산균을 함유하고 있다. 그러나 발효유와 유산균 음료의 생균수는 저장 및 유통 중에 감소될 수 있다. 따라서 유산균음료의 생균수는 주요 품질지표이며, 가격 결정 요소로 작용한다.

식품에 함유된 유산균수는 De Man, Rogosa and Sharpe(MRS) agar 배지 또는 BL agar(Glucose Blood Liver Agar)를 사용하여 생성된 유산균의 집락을 계수하여 측정할 수 있다. MRS 배지를 사용하는 경우 일반 세균수의 표준 평판법에 준하여 시험하며, BL agar 배지를 사용할 경우 도말평판배양법을 적용하여 시험한다.

또한 유산 간·구균 및 비피더스균 첨가 제품(우유류, 저지방 우유류, 아이스크림류 등)과 유산간·구균 단순 첨가(함유) 제품(과자류, 코코아가공품류 또는 초콜릿류, 기타 음료 등) 그리고 유산 간·구균과 비피더스균을 구분하여 산정해야 하는 경우에는 유산 간균과 유산 구균은 brom cresol purple(BCP) 첨가 평판측정용 배지를 사용하고, 비피더스균은 Transgalactosylated oligosaccharides-mupirocin lithium salt(TOS-MUP) 배지를 사용한 실험 방법에 따라 시험한 후 산출한다.

재료 및 도구

- 검사 시료: 액상의 유산균 음료
- 배지: De Man, Rogosa and Sharpe(MRS) agar 배지
- 기구 및 도구: 고압증기멸균기(autoclave), 저울(chemical balance), 항온배양기(incubator), 멸균배양접시(sterile petri dish)
- 기타: 알코올램프(alcohol lamp), 70% 에탄올(ethanol), 멸균백, 마이크로피펫(micropipette), 피펫팁(pipette tip), 도말봉(spreader)

실험 방법

1. MRS 배지의 제조

① MRS 배지 분말을 칭량하여 배지병에 취하고, 배지가루에 표기된 적정량의 증류수를 가한 후, 마그네틱 바를 넣고 자석교반기를 이용하여 잘 분산하여 용해시킨다(한천을 용해한 다음 멸균할 때는 100℃로 가열해야 용해됨).

② 고압증기멸균기에 넣고 121℃에서 15분간 멸균한다.

③ 멸균된 MRS 배지는 45-50℃의 온도로 유지된 항온수조(water bath)에 담가 식힌 후 멸균배양접시에 일정량씩 분주하여 사용한다.

2. 시험용액의 제조 및 희석

① 유산균 음료 10 mL를 무균적으로 취하여 멸균생리식염수 또는 펩톤식염완충용액 90 mL를 가해 100 mL이 되도록 하고, 균질화하여 시험용액(10^{-1} 희석)을 제조한다.

② 시험용액 1 mL에 희석액 9 mL를 가해 10 mL가 되게 하여 10^{-2} 시험용액을 만든다. 이 후 동일한 방법으로 희석하여 10^{-3}, 10^{-4}, 10^{-5} 등의 시험용액을 만든다.

3. 유산균수의 측정

① 멸균배양접시의 뚜껑에 시험 일자, 희석 배수, 시험자 등을 기록한다.

② 단계별로 희석된 시험용액 1 mL와 10배 단계 희석액 1 mL씩을 라벨링한 각각의 멸균 배양접시 2매 이상에 무균적으로 취한 다음, 약 45-50℃로 유지해둔 MRS한천배지를 약 15-20 mL씩 무균적으로 분주한다. 멸균배양접시 뚜껑에 배지가 묻지 않도록 주의 하면서 좌우로 회전하여 검체와 배지를 잘 섞고 냉각, 응고시킨다.

④ 확산집락의 발생을 억제하기 위하여 3-5 mL의 MRS한천배지를 가하여 중첩시킨다.

⑤ 검액을 가하지 아니한 동일 희석액 1 mL를 대조구로 하여 시험조작의 무균 여부를 확인한다.

⑥ 배지가 응고된 멸균배양접시는 뒤집어서 35-37℃에서 48-72±3시간 배양한다.

⑦ 배양 후 생성된 집락수를 계수한다. 계수한 집락수에 희석 배수를 곱하여 검사 시료 mL당 균수를 산출한다. 집락수의 계산은 확산집락이 없고, 1개의 평판당 15-300개의 집락을 생성한 평판을 택하여 집락수를 계산하는 것을 원칙으로 한다.

2. 접종

3. 배양

시료가 접종된 평판은 배지가 응고된 다음, 거꾸로 뒤집어서 35-37℃에서 48-72±3시간 배양한다.

1. 시험용액의 희석

발효음료 1 mL을 9 mL의 멸균생리식염수와 혼합하여 10배 희석액을 만들고, 필요한 만큼 순차적으로 10배씩 희석한다.

각각의 시료 1 mL을 멸균 배양 접시에 분주한 다음, 43-45℃로 유지해둔 MRS한천배지를 약 15-20 mL씩 분주하고, 평판을 좌우로 흔들어 시료와 잘 혼합 응고시킨다.

4. 계수

집락

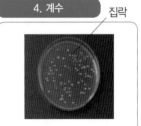

한평판에 15-300개의 집락이 형성된 평판의 집락수를 계수한다.

그림 5-2 주입평판법에 의한 유산균 시험법

Swab kit와 건조필름을 이용한 과일 표면의 진균 오염도 검사

실험 목적

E-swab kit와 신속간이 측정법인 건조필름을 이용하여 과일 표면에 존재하는 곰팡이와 효모의 오염도를 측정한다.

배경 및 원리

대부분의 과일은 일반적으로 유기산을 함유하고 있어 pH가 낮기 때문에 내산성세균을 제외한 대부분의 세균의 증식은 억제되지만, 효모와 곰팡이는 증식이 가능하다. 과일에 부착하여 증식한 진균은 외관의 변화와 연부현상을 초래하는 부패 원인 미생물이다. 특히 감귤류에는 *Penicillium italicum*과 *Penicillium digitatum* 등과 같은 푸른곰팡이가 주로 부패에 관여한다.

건조필름법은 진균류가 증식할 수 있는 영양성분과 특정의 지시약 성분을 필름에 특수 코팅한 건조필름을 이용하여 진균의 오염도를 측정하는 방법으로써, 배지 제조 과정 없이 단시간에 많은 실험을 할 수 있도록 고안된 미생물 시험법이다.

진균용 건조필름배지의 성분은 potato dextrose와 세균 증식 억제를 위한 antibiotics, 그리고 지시약으로 5-bromo-4-chloro-3-indoxyl phosphate(BCIP)를 함유하고 있다. 따라서 진균용 건조필름 배지 상에서 효모나 곰팡이가 생성하는 효소가 존재할 때 배지의 지시약이 활성화되어 효모균은 핑크에서 녹색의 빛깔을 띠고, 작고, 가장자리 부분이 명확히 구분된다. 곰팡이는 다양한 색상으로 나타나며 큰 공간을 차지하고 가장자리 부분이 명확히 구분되지 않는다.

재료 및 도구

- 시험 시료: 감귤류
- 기기 및 도구: E-swab kit(3M pipette swab), Yeast and mold(YM) 건조필름(Petri film)과 누름판, 마이크로피펫(micropipette), 피펫팁(pipette tip), 멸균생리식염수 (0.85% NaCl 용액), 항온배양기(incubator)

실험 방법

1. 시험용액 준비(swab kit 사용)

① 시료 채취 위생장갑을 착용하고 pipette-swab kit의 스왑봉을 분리하여 시험용 과일 (감귤류)의 표면을 골고루 문질러서 과일 표면의 미생물을 채취한다. swab kit에 들어 있는 펩톤완충용액(10 mL)에 넣고 뚜껑을 완전히 닫은 다음, 격렬하게 흔들어 잘 혼합 분산시켜 균질화된 시험용액을 만든다.

② 희석 균질화된 시험용액이 들어 있는 pipett-swab kit의 아래쪽 컵이 위쪽을 향하도록 한 다음, 뚜껑을 열고 실리콘 마개를 1회 완전하게 눌러주면 시험용액 1 mL이 분주된다.

③ 9 mL의 멸균생리식염수에 시험용액 1 mL를 넣어 10배 희석액을 만들고, 다시 10배 희석액 1 mL를 취해 멸균생리식염수 9 mL에 가해 100배 희석액을 만드는 방식으로 필요한 만큼의 희석된 시험용액을 조제한다(10^{-1}, 10^{-2}, 10^{-3} 등등).

2. 건조필름(Petri film)을 이용한 진균 오염도 측정

① 건조필름 위 빈 공간에 라벨링을 한다.

② 건조필름의 cover를 위로 들어올리고, 배지 중앙에 직각으로 시험용액 또는 희석된 시험용액을 각각 1 mL씩 천천히 분주한다.

③ Cover를 살며시 덮고, 누름판을 위에 올려 지그시 눌러 시험용액이 배지 밖으로 퍼지지 않고 누름판 내에서 흡수되도록 한다.

④ 접종된 건조필름은 25℃ 항온배양기에서 3-5일간 배양한다.

⑤ 생성된 집락의 형태 및 색을 관찰하여 곰팡이 및 효모를 판정하고, 각각의 집락 수에 희석 배수를 곱하여 결과를 표기한다.

실험 시 주의사항

자연식품이나 가공식품 중 생명체를 포함하고 있는 것들은 이러한 푸른색 반응을 일으킬 수 있으며, 제품에서 효모나 곰팡이에 의하지 않고 자연적인 탈인산가수분해효소(phosphatase)에 의해 발생하는 색반응은 아래의 몇 가지 기술적 방법들에 의해 구별된다.

1. 희석: 희석 배율을 높임으로써 푸른색의 배경이나 푸른색 침점의 수를 높일 수 있다.
2. 배지 상등액: 시료를 혼합한 후, 푸른색 침점을 일으킬 수 있는 입자를 제거하기 위해 3-5분 정치한 후 시료를 채취한다.
3. 배양온도: 배지를 적정한 온도(20-25℃)에서 배양한다. 효소반응은 온도 상승에 따라 더 빠르게 진행한다.
4. 검사와 주의: 배지의 실험 결과를 24-48시간 후에 확인한다. 제품의 색 변화는 24-48시간 내에 발생하며, 이때의 반응정도는 최종 해석에 많은 참조가 된다.

1. 시험용액 제조

E-swab kit의 스왑봉을 꺼내 검체 표면의 진균을 채취한 다음, swab kit의 펩톤완충용액에 분산시켜 시험용액으로 한다.

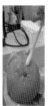

2. 시료의 접종

건조필름 커버를 열고, 시험용액 또는 희석된 시험용액 1 mL를 배지 중앙에 수직으로 접종한다(3매 이상).

3. 시료의 흡수

건조필름 커버를 천천히 덮고, 누름판을 눌러 시험용액이 누름판 내의 배지에 잘 흡수되도록 한다.

4. 진균의 배양

시료가 접종된 건조필름은 25℃에서 3-5일 배양한다.

5. 집락 관찰

생성된 집락의 특징과 집락수를 계수하고 3매의 평균치를 구한다.

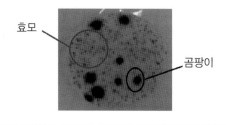

효모

곰팡이

그림 5-3 E-swab kit와 건조필름을 이용한 과일 표면의 진균오염도 검사

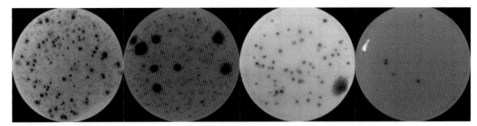

※참고: 10배수 희석된 오렌지 표면의 진균 집락 10^{-1}~10^{-4}

EF66

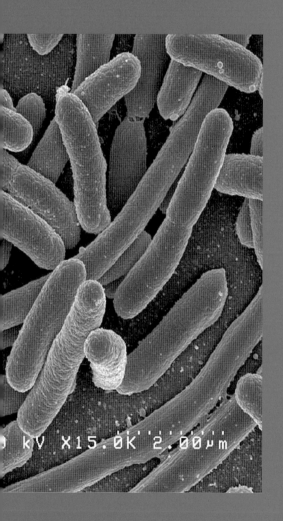

CHAPTER 6

식품의 위생지표 및
분변오염지표균
검사

사람과 온혈동물의 장내에 서식하고 있는 장내세균 중에는 *Escherichia*, *Enterobacter, Klebsiella, Citrobacter, Erwinia, Serratia, Proteus* 등의 대장균군과 *Salmonella* 및 *Shigella*와 같은 병원성 세균이 포함되어 있으며, 이들은 분변과 더불어 환경 중으로 배출된다. 따라서 식품이 분변에 직간접으로 오염되었다면 분변과 더불어 배출되는 *Salmonella* 및 *Shigella*와 같은 병원균에의 오염 가능성이 있는 위험한 식품일 수 있다. 그러나 모든 식품에 대해서 병원균 존재 여부를 검사한다는 것은 거의 불가능하므로 오염지표 미생물을 검사하여 식품의 비위생적 취급 및 분변오염 여부를 판정하기도 한다.

분변오염 지표세균은 사람과 온혈동물의 분변 중에 대량으로 존재하며, 장내에서 공존하고 있는 병원균보다 환경 중에서 길게 생존하고, 비교적 검출이 용이할 것 등의 조건을 충족시켜야 한다. 일반적으로 대장균, 대장균군, 장구균 등이 지표세균으로 많이 사용되고 있으며, 각각의 오염지표균 검사의 특징은 다음과 같다.

1) 대장균군: 식품의 위생지표

대장균군(coliform bacteria, coliforms)이란 그람음성의 호기성 또는 통성혐기성의 무포자 간균으로, 유당(젖당)을 분해하여 가스를 발생하는 균을 통칭하여 일컫는 용어이다. 대장균군은 미생물의 분류학적 용어는 아니지만 식품미생물 분야에서

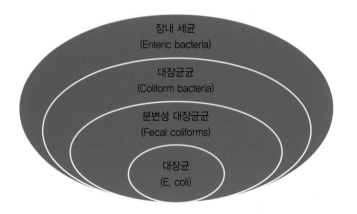

그림 6-1 장내세균, 대장균군, 대장균의 관계

는 편리하게 사용되고 있다. 대장균군에 속하는 세균 그룹은 동물의 장관에서 발견되는 *Escherichia coli*를 비롯하여 *Klebsiella, Citrobacter* spp., 식물에서 유래되는 *Enterobacter aerogenes* 등이 포함된다.

식품산업에서 대장균군은 식품 및 식품을 취급하는 도구나 기구 등의 위생 상태를 나타내는 위생지표균으로 활용되고 있다. 즉 식품에서의 대장균군의 검출은 식품의 제조, 가공 또는 유통 과정이 비위생적 환경에 노출되어 시겔라균(*Shigella* spp.), 콜레라균(*Vibrio cholerae*), 살모넬라균(*Salmonella* spp.) 등과 같은 병원균이나 식중독균의 존재 가능성이 있다고 판단하고 적절한 조치를 취해야 한다.

2) 대장균: 분원성 오염지표

대장균(*Escherichia coli*)은 사람이나 온혈동물의 장관에 서식하는 그람음성 간균이며, 위생지표균으로 활용되는 대장균군(coliforms)의 약 90%를 차지하는 대표적인 장내세균이다. 따라서 식품에서 대장균의 검출은 *Salmonella*와 *Shigella* spp.과 같은 장내 병원성세균이 오염되었을 가능성을 나타내며, 대장균은 분변오염의 지표세균으로서 식품산업에서 대장균군 검사보다 더욱 엄격하게 관리되고 있다.

대장균군은 β-galactosidase를 생성하고, 유당을 분해하여 산과 가스를 생성하는 한편, 대장균군에 속하는 대장균은 β-glucuronidase 효소를 생성하기 때문에 4-methyl-umbelliferyl-β-D-glucuronide (MUG)를 가수분해하여 형광성 물질을 생성하는 원리를 이용하여 대장균을 검출할 수 있다. 또한 대장균은 비 분변성 대장균군(non-fecal coliforms)과 달리 열저항성을 지니고 있으므로 44.5±0.2℃에서 유당을 발효하여 산과 가스를 생성하는 배양특성을 이용하여 대장균을 확인하기도 한다.

3) 장구균: 냉동식품의 오염지표

장구균(*Enterococcus*)은 사람이나 온혈동물의 장관에 서식하는 그람양성 구균이다. 장구균은 사람이나 동물의 분변에 오염되지 않은 환경에서는 검출되지 않으므로 식품에서의 장구균의 검출은 사람과 가축의 분변오염을 나타내는 지표세균으로 사용될 수 있다. 특히 식품위생지표로 많이 사용되는 대장균군 또는 대장균은 냉동에 대한 저항성이 약해 식품의 동결 저장 중 사멸될 수 있는 반면, 장구균은 냉동과 건조, 고온 등에 대한 저항성이 강한 특징이 있다. 따라서 냉동식품과 건조식품의 오염도 측정을 위한 지표세균검사에는 대장균군이나 대장균보다 장구균이 더 적합한 것으로 간주되고 있다.

1. 식품의 위생지표 검사: 대장균군 검사

식품에서 대장균군 검사는 분변오염지표보다는 비위생적 처리의 척도를 나타내는 위생지표로 활용되고 있다. 식품에서 대장균군의 검출은 사람 또는 동물의 분변오염을 비롯하여 식품 취급 설비나 도구의 불충분한 소독 또는 가열 및 조리 후의 비위생적 취급에 의한 대장균군의 2차 오염 가능성을 나타내는 것이다.

대장균군 시험에는 대장균군의 존재 유무를 검사하는 정성시험과 대장균군의 수를 산출하는 정량시험이 있다. 식품공전에서 허용하고 있는 대장균군 정성시험법은 유당배지(lactose broth)법과 Brilliant green lactose bile(BGLB)법, 데스옥시콜레이트 유당한천배지(desoxycholate lactose agar)법이 있으며, 추정시험, 확정시험, 완전시험의 3단계로 나누어 실시한다. 대장균군 정량시험법은 최확수법(most probable number, MPN), 데스옥시콜레이트 유당한천배지, 건조필름법, 자동화된 최확수법(automated MPN) 등이 있다. 대장균군의 정성검사와 정량검사에 사용 가능한 시험법과 배지의 종류는 〈표 6-1, 6-2〉와 같다.

표 6-1 정성검사에 사용 가능한 시험법과 배지의 종류

정성시험법	정성시험에 사용되는 배지의 종류		
	추정시험	확정시험	완전시험
유당배지법	유당배지	BGLB 배지, Endo 한천배지 또는 EMB 한천배지	유당발효배지 보통한천배지
BGLB 배지법	BGLB 배지	Endo 한천배지 또는 EMB 한천배지	유당발효배지 보통한천배지
데스옥시콜레이트 유당한천배지법	데스옥시콜레이트유당 한천배지 또는 Violet red bile agar (VRBA) 배지	Endo 한천배지 또는 EMB 한천배지 또는 MacConkey 배지	유당한천배지 보통한천배지

표 6-2 정량검사에 사용 가능한 시험법과 배지의 종류

정량시험법	정량시험에 사용되는 배지의 종류	
최확수법 (유당배지법 / BGLB 배지법)	추정시험	Lactose broth 또는 BGLB broth
	확정시험	BGLB 배지 또는 EMB/Endo 한천 배지
	완전시험	유당배지 발효관, 보통한천배지
데스옥시콜레이트 유당한천배지법	데스옥시콜레이트 유당한천배지, Crystal Violet neutral Red Bile Lactose agar (VRBL), EMB agar 배지(Eosine methylene blue agar), MacConkey agar, Endo agar	
건조필름법	대장균군 건조필름 Ⅰ, 대장균군 건조필름 Ⅱ	

데스옥시콜레이트 유당한천배지법에 의한 대장균군의 정성검사

실험 목적	식품위생법에서 허용하고 있는 대장균군의 정성시험법 중에서 데스옥시콜레이트 유당한천(desoxycholate lactose agar) 배지법의 원리를 이해하고, 실험 방법을 숙달한다.
배경 및 원리	Desoxycholate lactose agar(DCLA) 배지는 그람음성 간균의 분리와 구별의 용도로 사용되는 배지로서, 우유나 유제품과 같은 식품 또는 물과 같은 시료에서 대장균군을 분리, 계수하는 데 사용되는 선택적 분별 평판배지이다. DCLA 배지는 neutral red 지시약을 함유하고 있으므로, 대장균군이 유당을 발효하여 산을 생성하게 되면 암적색의 집락을 형성하게 되며, 유당을 발효하지 못하는 세균은 무색 집락을 형성하게 된다. 대장균군은 장내세균 중 병원성 세균인 *Salmonella* spp.와 *Shigella* spp.와의 형태학적 유사성을 비롯한 몇 가지 공통점이 있으나 유당(Lactose) 발효능에서는 확연한 차이를 나타낸다. 대장균군은 lactose를 발효하여 산과 가스를 생성할 수 있으나, 병원성 장내세균인 *Salmonella* spp.과 *Shigella* spp.은 유당을 발효하지 못한다. 따라서 식품의 취급 과정에서 사용되는 도구나 원료 자체의 비위생적 취급을 나타내는 지표가 되는 대장균군의 유무는 추정시험, 확정시험 및 완전시험의 3단계 시험을 실시하여 판정할 수 있다. ① 추정시험은 유당 함유 배지를 사용하여 대장균군의 발효 특성인 산과 가스 생성 여부를 통해 확인 가능하며, ② 확정시험은 EMB 배지와 같은 분별배지에서의 특징적인 집락 형성 여부를 확인하고, ③ 완전시험은 대장균군 의심 집락의 가스 생성 여부의 재확인과 그람염색과 현미경 검경을 통한 그람음성 간균의 확인을 통해 판정한다.
재료 및 도구	– 재료: 시험용액, 데스옥시콜레이트 유당한천(desoxycholate lactose agar; DCLA)배지 – 기기 및 도구: 스토마커(stomacher), 스토마커용 멸균백(stomacher bag), 가열 자석교반기(hotplate & magnetic stirrer), 마그네틱바(magnetic bar), 알코올램프(alcohol lamp), 배지병 또는 삼각플라스크, 멸균배양접시(sterile petri dish), 항온수조(water bath), 10 mL, 1 mL 피펫(pipette), 피펫에이드(pipette aid)

실험 방법

1. 시험용액 제조 및 시험용액의 희석

① 검체 25 g을 스토마커용 멸균백에 무균적으로 채취하고, 멸균생리식염수(0.85% NaCl 용액) 225 mL를 가한 후 스토마커를 이용하여 normal cycle로 2분간 균질화시켜 시험용액으로 한다(검체의 크기가 큰 경우는 멸균된 가위와 칼 등을 이용해 잘게 자른 후 채취한다).

② 시험용액은 멸균생리식염수를 이용하여 10배 단계로 희석시킨다.

2. 데스옥시콜레이트 유당한천(desoxycholate lactose agar; DCLA) 배지의 조제

① 삼각플라스크(500 mL)에 DCLA배지 분말을 칭량하여 넣고, 증류수를 가하고, 마그네틱바를 넣어 가열자석교반기 위에서 가열 교반하면서 배지를 녹인다.

② 용해된 배지를 1분간 다시 끓인 다음, 45-50℃의 항온수조에 넣어 항온 상태를 유지킨다.

실험 시 주의사항

• 데스옥시콜레이트 유당한천배지의 경우, 가열 살균하여 사용하며, 과열을 피하고, 고압멸균을 하지 않아야 한다. 고압증기멸균을 하게 되면 배지의 pH가 낮아져 데스옥시콜산나트륨이 침전할 수 있으므로 결과에 오류가 나타날 수 있다.

• 데스옥시콜레이트 유당한천배지는 제조 후 4시간 이내에 사용해야 한다.

---

3. 데스옥시콜레이트 유당한천(desoxycholate lactose agar; DCLA)배지에 시험용액(또는 희석액)의 접종

① 멸균배양접시 뚜껑에 유성펜으로 희석 배수를 기재한다.

② 시험용액 1 mL와 10배 단계 희석액 1 mL씩을 각각 멸균배양접시 2매에 무균적으로 주입한다.

③ 각각의 시료를 주입한 멸균배양접시에 45-50℃로 유지한 DCLA배지 약 15 mL를 무균적으로 분주한 다음, 멸균배양접시 뚜껑에 묻지 않도록 주의하면서 회전하여 검체와 배지를 잘 혼합 후 응고시킨다.

④ 배지가 완전히 굳은 것을 확인 후 확산집락을 방지하기 위해 배지 표면에 45-50℃ 정도의 동일 배지 또는 보통한천배지를 3-5 mL를 중첩시킨다.

⑤ 응고된 평판배지는 거꾸로 뒤집어서 35-37℃에서 24±2시간 배양한 후 결과를 확인한다.

⑥ 생성된 집락 중 전형적인 암적색 집락의 경우는 1개 이상의 집락을, 의심스러운 집락일 경우에는 2개 이상을 Endo 한천배지 또는 eosin methylene blue (EMB) 한천배지 또는 MacConkey 배지에서 분리 배양한다.

⑦ 각각의 배지에서 생성된 전형적인 집락(예를 들면, EMB 배지에서의 금속광택의 암녹색 집락)에 대한 대장균군의 확정시험 또는 완전시험 결과를 확인하여 대장균군의 유무를 판정한다.

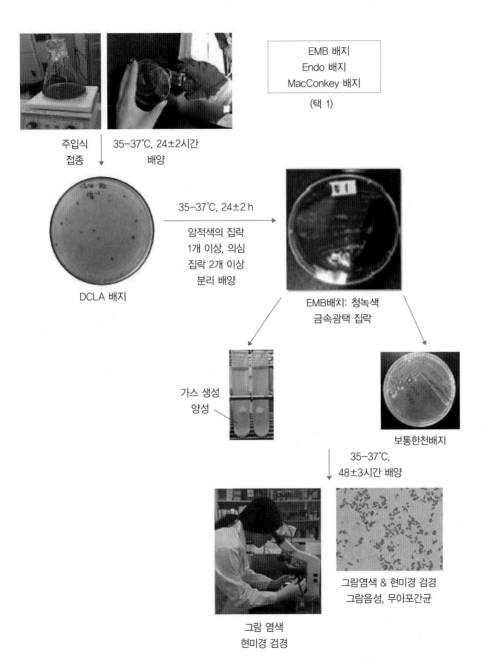

EMB 배지
Endo 배지
MacConkey 배지

(택 1)

주입식 접종 | 35−37℃, 24±2시간 배양

DCLA 배지

35−37℃, 24±2 h

암적색의 집락
1개 이상, 의심
집락 2개 이상
분리 배양

EMB배치: 청녹색
금속광택 집락

가스 생성
양성

보통한천배지

35−37℃,
48±3시간 배양

그람 염색
현미경 검경

그람염색 & 현미경 검경
그람음성, 무아포간균

그림 6-2 데스옥시콜레이트 유당한천배지에 의한 대장균군의 정성 시험

최확수법을 이용한 대장균군의 정량시험

실험 목적	식품위생법에서 허용된 대장균군의 정량시험법 중에서 최확수법(most probable number, MPN)의 원리와 실험 방법을 익힌다.
배경 및 원리	대장균군(coliform bacteria, coliforms)은 식품의 위생지표 세균으로서, 식품에서의 검출은 식품의 제조, 가공 또는 저장 중에 직간접으로 분변에 오염되었거나 비위생적으로 취급되어 소화기계 전염병균이나 식중독균의 존재 가능성을 의미한다.

대장균군의 확인에 이용되는 주요 특성은 ① 유당을 발효하여 35-37℃에서 48시간 이내에 산과 가스를 발생, ② 분별배지에서의 특징적인 집락 형성, ③ 그람음성균이며 간균의 형태를 띠고 있는 세균임을 확인하는 것이다.

최확수란 이론상 가장 가능한 수치를 말하며, 동일 희석 배수의 시험용액을 10, 1 및 0.1 mL와 같이 연속해서 3단계 이상을 3개 또는 5개의 배지에 각각 접종하여, 대장균군의 존재 여부를 시험하고, '최확수표'에서 가스 생성 발효관 수(결과)로부터 확률론적인 대장균군의 수치를 산출하여 이것을 최확수(MPN)로 표시하는 방법이다. 최확수표에서 구한 최확수값은 검체 100 mL 중 또는 100 g 중에 존재하는 대장균군수를 표시하는 것이다.

재료 및 도구

– 검사시료: 채소류(상추, 방울토마토, 포장샐러드, 새싹채소) 등

– 배지 및 희석액: 2배 농도의 유당배지(double strength lactose broth; DSLB), 1배 농도의 유당배지(single strength lactose broth; SSLB), 발효관, Brilliant green bile lactose (BGLB) broth, eosine methylene blue (EMB) 평판배지, 보통한천배지, 멸균 생리식염수(0.85% NaCl 용액)

– 기구 및 도구: 저울(chemical balance), 항온배양기(incubator), 가열자석교반기(hot plate & magnetic stirrer), 항온수조(water bath), 스토마커(stomacher), 알코올램프(alcohol lamp), 마이크로피펫(micropipette), 피펫팁(pipette tip), 멸균배양접시(sterile petri dish), 시험관(test tube), 시험관대(rack), 500 mL 삼각플라스크

실험 방법

1. 유당배지(lactose broth)의 제조

직경 12 mm 정도의 시험관에 발효관(durham tube)을 거꾸로 넣은 후, 1배농도 유당배지(SSLB, single strength broth) 또는 2배농도 유당배지(DSLB, double strenth lactose broth)를 발효관 안에 거품이 생기지 않도록 시험관을 기울여 벽면으로 조심스럽게 10 mL씩 분주하고 멸균하여 사용한다. 1배농도 유당배지는 3×2개 또는 5×2개를 만들고, 2배농도 유당배지는 3개 또는 5개 만든다.

① 1배농도 유당배지의 제조(100 mL의 1배농도 유당배지)

　　200 mL 비이커 또는 삼각플라스크에 유당배지 분말(lactose broth powder) 1.3 g을 칭량하여 넣고, 100 mL의 증류수를 가해 용해시킨다. 직경 15-18 mm 정도의 발효관(durham tube) 함유 시험관에 1배농도 유당배지를 각각 10 mL씩 분주하여 3×2개 또는 5×2개의 SSLB를 만든다.

② 2배농도 유당배지(50 mL의 1배농도 유당배지) 제조

　　100 mL 비이커 또는 삼각플라스크에 유당배지 분말 1.3 g을 칭량하여 넣고, 50 mL의 증류수를 가해 용해시킨다. 직경 15-18 mm 정도의 발효관(durham tube) 함유 시험관에 2배농도 유당배지를 각각 10 mL씩 분주하여 3개 또는 5개의 DSLB를 만든다.

③ 유당배지의 멸균

　　각각의 시험관은 뚜껑을 닫고 고압증기멸균기를 이용하여 121℃, 15분간 멸균한다.

2. 시험용액의 제조 및 희석

① 멸균 스토마커 백을 저울에 올리고 0점을 맞춘 다음, 시험용 시료(채소류) 25 g을 멸균 피펫 또는 멸균 시약스푼을 이용하여 멸균 스토마커 백에 무균적으로 취한다. 이때 시험용 검체가 덩어리인 경우 멸균 가위 또는 칼을 이용하여 무균적으로 절단 후 취한다.

② 시험용 시료에 멸균생리식염수 225 mL를 가하고, 스토마커 백의 공기를 빼고 입구를 밀봉한 다음, 스토마커를 이용하여 normal cycle에서 2분간 균질화시켜 10배 희석된 시험용액을 만든다.

③ 시험용액은 멸균 생리식염수를 사용하여 10배 단계별로 희석한다.

3. 추정시험

2배농도 유당배지에는 각각 10 mL씩의 시험용액을 접종하고, 1배농도 유당배지(3개)에는 시험용액을 각각 1 mL씩, 나머지 3개의 유당배지에는 각각 0.1 mL의 시험용액을 접종한다.

① 3개의 2배농도 유당배지(DSLB) 시험관에는 시험용액을 각각 10 mL씩 가한다.

② 3개의 1배농도 유당배지(SSLB) 시험관에는 시험용액을 각각 1 mL씩 가한다.

③ 3개의 1배농도 유당배지 시험관에는 시험용액을 각각 0.1 mL씩 가한다.

④ 시험용액을 접종한 각각의 시험관은 뚜껑을 닫고, 35~37℃에서 24±2시간 배양한다.

⑤ 24±2시간 배양 후 발효관 내에 가스가 발생하면 대장균군 추정시험 양성으로 판정하고, 확정시험을 실시한다. 가스 발생이 없는 것은 24±2시간을 추가 배양한다. 그 후에도 가스 발생이 없으면 대장균군 음성이다.

4. 확정시험

① 추정시험에서 가스 발생 양성인 배양액을 BGLB 배지에 접종하여 35-37℃에서 24±2시간 배양한다. 가스가 발생한 유당배지발효관으로부터 BGLB 배지에 접종하여 35~37℃에서 24±2시간 동안 배양한 후 가스 발생 여부를 확인하고 가스가 발생하지 않았을 때에는 배양을 계속하여 48±3시간까지 관찰한다.

② BGLB 배지의 발효관 내에 가스가 발생하면 대장균군 추정시험 양성이다. 24±2시간 배양 후 가스가 발생되지 않을 경우, 48±2시간 계속 배양하여 관찰하고, 가스가 발생을 관찰한다.

③ 가스 발생을 보인 BGLB 배양액을 1 백금이를 취하여 EMB 평판배지에 도말한 후 35~37℃에서 24±2시간 배양한다. EMB 평판배지에서 녹색 금속성 광택의 전형적 집락이 형성되면 확정시험 양성으로 판정한다. 다음 단계인 완전시험으로 넘어가고, 그렇지 않으면 대장균군 음성이다. BGLB배지에서 35~37℃로 48±3시간 동안 배양하였을 때 배지의 색이 갈색으로 되었을 때에는 반드시 완전시험을 실시한다.

5. 완전시험

① 확정시험에서 EMB 한천배지에서의 전형적인 집락 1개 또는 비전형적인 집락 2개 이상을 각각 유당배지 발효관과 보통한천배지에 접종하여 35-37℃에서 48±3시간 배양한다.

② 유당배지에서의 가스 발생 여부를 재확인한다.

③ 보통한천배지에 형성된 집락에 대하여 그람음성, 무아포성 간균을 확인하여 대장균군 확정시험 양성으로 판정한다.

6. 대장균군 수의 계산

완전시험을 통해 대장균군을 확인한 다음, 최확수표(별표 1 또는 별표 2)로부터 시험용액 100 mL 또는 100 g 중의 최확수값 또는 검체 1 mL 또는 1 g 중의 대장균군 수를 구한다. 예를 들면, 각각의 발효관을 5개씩 사용하여 다음과 같은 결과를 얻었다면 최확수표에 의하여 시험시료 100 mL 중의 MPN은 94이다. 만약 접종량이 1, 0.1, 0.01 mL일 때에는 10배 희석 배수를 환산하여 MPN은 94×10=940으로 한다.

시험용액 접종량	10 mL	1 mL	0.1 mL	MPN/100 mL
가스발생양성관수	5개	2개	2개	94

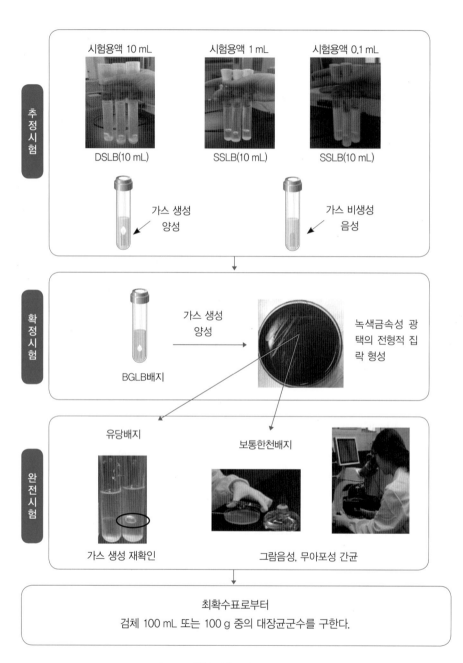

추정시험

시험용액 10 mL   시험용액 1 mL   시험용액 0.1 mL

DSLB(10 mL)   SSLB(10 mL)   SSLB(10 mL)

가스 생성
양성

가스 비생성
음성

확정시험

가스 생성
양성

녹색금속성 광
택의 전형적 집
락 형성

BGLB배지

완전시험

유당배지   보통한천배지

가스 생성 재확인   그람음성, 무아포성 간균

최확수표로부터
검체 100 mL 또는 100 g 중의 대장균군수를 구한다.

그림 6-3 최확수법을 이용한 대장균군의 정량검사

실험 목적 식품위생법에서 허용된 건조필름법을 이용한 대장균군의 정량 실험 방법을 익힌다.

배경 및 원리 건조필름은 미생물이 증식할 수 있도록 영양성분을 필름에 코팅하여 건조한 것으로 시료를 접종하면 수분을 흡수하여 한천배지와 같이 겔을 형성함으로써 미생물이 증식할 수 있도록 처리한 것으로써, 간단한 조작에 의하여 미생물의 검출이 가능하기 때문에 배지를 제조할 필요가 없고, 부피를 적게 차지하므로 다량의 시료를 처리할 수 있으며, 지시약이 혼합되어 있으므로 검출이 용이하다.

대장균군 건조필름(I)에는 유당과 violet red bile(VRB)과 tetrazolium(TTC) 지시약 성분이 함유되어 있어 대장균군이 유당을 발효하여 산과 가스를 생성하면, 집락의 색은 붉은색으로 나타나고, 생성된 가스는 필름 내부에 포집되어 집락 가장자리에는 기포가 형성된다.

대장균군용 건조필름 II(*E. coli*/coliform count)에는 violet red bile (VRB) 성분과 glucuronidase indicator(5-bromo-4-chloro-3 indolyl-β-D-glucuronide; BCIG)와 tetrazolium indicator를 함유하고 있다. 따라서 대장균과 그 외의 대장균군은 유당 발효에 의한 가스 포집과 더불어 각각 푸른색과 붉은색 집락을 형성하게 된다.

재료 및 도구 – 재료: 시험용 검체
– 도구: 대장균군 건조필름(I)(coliform count plates; CC), 대장균군 건조필름(II)(E. coli/coliform count plates; EC), 누름판, 스토마커(stomacher), 스토마커용 멸균백(stomacher bag), 마이크로피펫(micropipette)과 피펫팁(pipette tip), 멸균 가위 또는 칼

실험 방법

1. 시험용액의 제조 및 시험용액의 희석
① 시험용 검체 25 g을 멸균 피펫 또는 멸균 시약스푼을 이용하여 무균적으로 취한 후 스토마커용 멸균백

에 담고, 멸균생리식염수 225 mL를 가하여 잘 분산시켜 시험용액을 만든다. 이때 시험용 검체가 덩어리인 경우 멸균 가위나 칼을 이용하여 무균적으로 절단 후 취한다.

② 스토마커를 이용하여 normal cycle에서 2분간 균질화하여 시험용액으로 한다.

③ 시험용액은 멸균생리식염수를 사용하여 10배씩 단계별로 희석한다.

2. 건조필름을 이용한 실험 방법

① 건조필름 상단에 희석 배수와 시험 일자 등을 기재한다.

② 대장균군 건조필름배지I(CC) 또는 대장균군 건조필름배지II(EC)의 커버를 열고, 중앙 부분에 단계별 희석용액을 1 mL씩 접종하고, 커버를 천천히 덮고 누름판을 눌러 시험용액을 흡수시킨다.

③ 건조필름은 35±1℃에서 48±2시간 배양한 후 생성된 집락을 관찰한다.

④ 대장균군 건조필름배지I에서는 붉은 집락 중 주위에 기포를 형성한 집락수를 계산하고, 대장균군 건조필름배지II에서는 청색 및 청녹색의 집락수를 계산하여 그 평균 집락수에 희석 배수를 곱하여 대장균군 수를 산출한다.

⑤ 균수 산출 및 기재보고는 일반 세균수에 따라 한다.

| 대장균군용 건조필름에 시험일자, 장소, 실험자를 기재한다. | 건조필름 커버를 열고, 시료 1 mL를 건조필름 배지 중앙에 수직으로 떨어뜨린다. | 필름 커버를 천천히 덮고, 누름판을 눌러 시험용액을 분산시키고 잘 흡수되도록 한다. |

시료를 접종한 필름은 35±1℃에서 24±2시간 배양하고, 생성된 전형적인 집락을 계수하고, 평균치를 구한다.

대장균군 건조필름Ⅰ(CC)
붉은색 집락 주위에 기포 형성

대장균군 건조필름Ⅱ(EC)
푸른색 집락과 주위에 기포 형성한 붉은색 집락

그림 6-4 건조필름법을 이용한 대장균군의 정량시험

2. 식품의 대장균 검사: 분변오염 지표균 검사

대장균의 시험법에는 일정한 한도까지 균수를 정성적으로 측정하는 한도시험과 대장균 수를 확인하기 위한 정량시험법이 있다.

대장균의 정량시험법에는 건조필름법과 최확수법이 있다. 최확수법은 동일 희석 배수의 시험용액을 배지에 접종하여 대장균의 존재 여부를 시험하고, 그 결과로부터 확률론적인 대장균의 수치를 산출하여 이것을 최확수(MPN)로 표시하는 방법을 말한다. 최확수는 시험용액 10, 1 및 0.1 mL와 같이 연속해서 3단계 이상을 각각 5개씩(별표 1) 또는 3개씩(별표 2)을 발효관에 가하여 배양 후 얻은 결과에 의하여 검체 100 mL 중 또는 100 g 중에 존재하는 대장균 수를 표시하는 것이다.

식품공전에 제시된 대장균의 정량시험을 위한 최확수법은 제1법, 제2법, 제3법의 3가지 종류가 있다. 식품과 축산물 및 축산가공식품의 위생관리와 미생물 규격 기준과 미생물 시험법 등이 각각 별도로 관리되었으나, 식품위생법의 개정(2018년 1월 1일)에 따라 축산물가공품을 식품으로 통합하여 식품위생법에서 관리하고 있다. 일부 시험법은 검사하려는 검체의 종류에 따라, 일반 식품의 대장균수는 최확수법 제1법을 적용하고, 수산식품의 대장균 정량시험에는 최확수법 제2법, 유가공품, 식육가공품 및 알가공품 등에는 제3의 최확수법을 적용 가능한 것으로 제시되어 있다. 각각의 방법에 사용되는 배지의 종류와 결과 판독의 방법이 차이가 있으므로 검사하려는 식품의 종류에 따라 적절한 방법을 선택하여 대장균의 정량검사를 한다.

Escherichia coli (EC) 배지를 이용한 대장균의 한도시험

실험 목적	반유동상 식품인 생과일주스의 대장균 한도시험을 실시하여 오염 유무를 판정한다.
배경 및 원리	대장균은 분변에 많은 양으로 존재하는 분변성 대장균군(fecal coliforms)에 속하는 세균으로서, 식품의 미생물 검사에서 분변오염 지표세균으로 이용된다.

대장균은 비분변성 대장균군(non-fecal coliforms)과 달리 열저항성을 지니고 있으므로 44.5±0.2℃에서 유당을 발효하여 산과 가스를 생성하는 배양 특성을 이용하여 대장균을 확인할 수 있다. 따라서 대장균 시험법 중에서 일정한 한도까지 균수를 정성적으로 측정하는 한도시험법에서는 유당을 함유한 EC 배지를 이용하여 44.5℃에서 배양하였을 때 가스 발생 여부를 관찰하여 대장균을 추정한다. 에오신(eosin)과 메틸렌블루(methylene bule)의 2가지 지시약이 함유된 EMB 평판배지에서 대장균은 녹색의 금속 광택을 내는 집락을 생성하는 특성과 그람염색을 통해 그람음성 무아포성 간균 확인 후 생화학 시험을 실시하여 대장균을 판정한다.

재료 및 도구	– 시료: 반유동상식품(생과일주스)
	– 배지 및 시액: *Escherichia coli* (EC) 배지, 유당(lactose) 배지, eosin methylene blue (EMB) 배지, 보통한천배지
	– 기기 및 도구: 고압증기멸균기(autoclave), 항온배양기(incubator), 발효관, 시험관(test tube), 시험관대(rack), 피펫(pipette), 시약스푼(spatula)

실험 방법

1. 시험용액의 제조

반유동상 식품인 과일주스를 멸균 유리봉 또는 시약스푼 등으로 잘 혼합한 후, 멸균용기에 25 g 또는 25 mL를 취하여 취해 9배 양의 희석액과 혼합한 것을 시험용액으로 한다.

2. EC 발효배지의 제조

100 mL 비이커 또는 삼각플라스크에 EC 배지 분말(EC broth powder) 1.85 g을 칭량하여 넣고, 50 mL의 증류수를 가해 용해시킨다. 직경 15-18 mm 정도의 시험관에 발효관(durham tube)을 거꾸로 넣은 후, EC 배지를 발효관 안에 거품이 생기지 않도록 시험관을 기울여 벽면으로 조심스럽게 10 mL씩 분주하여 3개의 발효배지를 제조하여 멸균하여 사용한다.

3. 대장균의 한도실험

① 시험용액 1 mL를 발효관을 넣은 3개의 EC 배지에 접종하고, 44.5±0.2℃에서 24±2시간 배양 후, 가스가 생성된 발효관은 추정시험 양성으로 하고, 가스발생이 인정되지 않을 때에는 추정시험 음성으로 한다.

② 추정시험이 양성일 때에는 해당 EC발효관의 배양액을 EMB 평판배지에 접종하여 35-37℃에서 24±2시간 배양한 후, 전형적인 집락을 유당배지 및 보통한천배지로 각각 이식한다.

③ 유당배지에 접종한 것은 35-37℃에서 48±3시간 배양하고, 보통한천배지에 접종한 것은 35-37℃에서 24±2시간 배양한다.

④ 유당배지에서 가스발생을 인정하였을 때에는 이에 해당하는 보통한천배지에서 배양된 집락을 취하여 그람염색을 실시하고, 현미경 검경을 통해 그람음성, 무아포성 간균을 확인한 후, 생화학 시험을 실시하여 대장균 양성으로 판정한다.

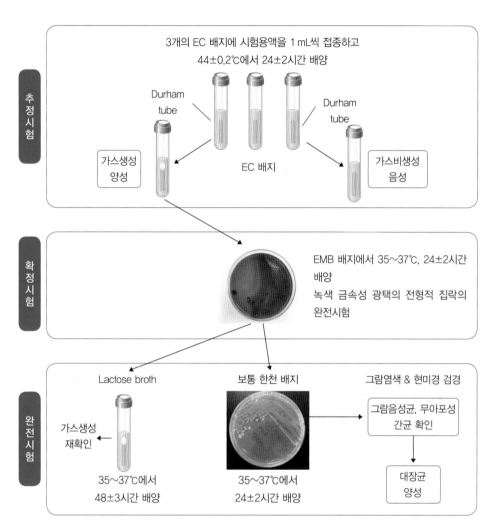

그림 6-5 대장균의 정성시험: 한도시험

최확수법의 제1법에 의한 대장균의 정량시험

실험 목적	대장균 정량시험법으로써의 최확수법의 제1법, 제2법, 제3법의 원리와 차이점을 파악한다. 먼저 일반식품에 오염되어 있는 대장균의 수를 최확수법(제1법)에 의해 검사한다.
배경 및 원리	*Escherichia coli* (EC) 배지는 식품 및 식품용수의 분변성 대장균군 검사용 최확수 실험 방법에 사용을 권장하는 배지이다. EC 배지 내에 포함된 담즙산(bile salt)은 그람양성 세균의 증식을 억제하고, 발효성 탄수화물로서 유당은 대장균에 의해 발효되어 가스를 생성한다. 또는 $44.5 \pm 0.2^{\circ}$C의 높은 온도에서 배양하여 대장균군과 열 저항성이 있는 대장균을 구별할 수 있다.
재료 및 도구	– 재료: 식품 일반(식품) – 배지 및 시액: *Escherichia coli* (EC) 배지, eosin methylene blue (EMB) 배지, 멸균생리식염수(0.85% NaCl 용액) – 기기 및 도구: 스토마커(stomacher), 스토마커용 멸균백(stomacher bag), 고압증기멸균기(autoclave), 항온배양기(incubator), 시험관(test tube), 시험관대(rack), 발효관(duhram tube)

실험 방법

1. EC 발효배지의 제조

직경 15-18 mm 정도의 시험관에 발효관(durham tube)을 거꾸로 넣은 후, 1배농도 EC배지(SSEC, single strength EC broth) 또는 2배농도 EC배지(DSEC, double strenth EC broth)를 발효관 안에 거품이 생기지 않도록 시험관을 기울여 벽면으로 조심스럽게 10 mL씩 분주하고 멸균하여 사용한다. 1배농도 EC 배지는 3×2개 또는 5×2개를 만들고, 2배농도 EC 배지는 3개 또는 5개 만든다.

① 1배농도 EC 배지의 제조(100 mL의 1배농도 EC 배지)

　　200 mL 비이커 또는 삼각플라스크에 유당배지 분말(EC broth powder) 3.7 g을 칭량하여 넣고,

100 mL의 증류수를 가해 용해시킨다. 직경 15-18 mm 정도의 발효관(durham tube) 함유 시험관에 1배농도 EC 배지를 각각 10 mL씩 분주하여 3×2개 또는 5×2개의 SSEC를 만든다.

② 2배농도 EC 배지 (50 mL의 1배농도 EC 배지) 제조

100 mL 비이커 또는 삼각플라스크에 유당배지 분말 3.7 g을 칭량하여 넣고, 50 mL의 증류수를 가해 용해시킨다. 직경 15-18 mm 정도의 발효관(durham tube) 함유 시험관에 2배농도 EC 배지를 각각 10 mL씩 분주하여 3개 또는 5개의 DSEC를 만든다.

③ EC 배지의 멸균

각각의 시험관은 뚜껑을 닫고 고압증기멸균기를 이용하여 121℃, 15분간 멸균한다.

2. 시험용액의 제조 및 희석

① 검체 25 g을 스토마커용 멸균백에 무균적으로 채취하고, 멸균생리식염수 225 mL를 가한 후, 스토마커를 이용하여 normal cycle로 2분간 균질화시켜 시험용액으로 한다 (검체의 크기가 큰 경우는 멸균된 가위와 칼 등을 이용해 잘게 자른 후 채취함).

② 시험용액은 멸균생리식염수를 이용하여 10배 단계로 희석시킨다.

3. 최확수 제1법에 의한 식품의 대장균 실험 방법

① 2배 농도의 EC broth 5개에는 각각 10 mL씩의 시험용액 또는 희석한 시험용액을 접종하고, 1배 농도의 EC broth 5개에는 시험용액을 각각 1 mL씩, 나머지 5개의 EC broth에는 각각 0.1 mL의 시험용액을 접종한다.

② 시험용액을 접종한 EC broth는 44.5±0.2℃의 항온수조에서 24±2시간 배양하여, 발효관내에 가스가 발생하면 대장균 양성으로 판정한다.

③ 별표 1 또는 별표 2의 최확수표에 따라 시험용액 100 mL 또는 100 g 중의 최확수값을 구하고, 희석 배수와 검체량을 환산하여 최종적으로 검체 1 mL 또는 1 g 중의 대장균 수를 나타낸다.

최확수법의 제2법에 의한 대장균의 정량시험

실험 목적	조개류(수산식품)에 오염되어 있는 대장균의 수를 최확수법(제2법)에 의해 검사한다.
배경 및 원리	Minerals modified glutamate medium (MMGM)은 적은 량의 미생물을 포함하고 있는 물에서 대장균을 용이하게 분리할 수 있을 뿐만 아니라, 염소처리한 물에서의 분변 오염 여부의 판정, 특히 식품에서의 *E. coli* biotype I의 계수를 위한 방법으로 사용되고 있다. 대장균은 MMGM 배지에서 유당을 발효하여 산을 생성하고, 배지에 함유된 bromocresol purple 지시약이 보라색에서 노란색으로 변색되는 특성을 이용하여 대장균을 추정할 수 있다. 5-bromo-4-chloro-3 indolyl-β-D-glucuronide (BCIG) 한천배지에서 증식하는 대장균은 B-glucuronidase를 생산하여 glucan을 분해한 결과, 청록색의 집락을 형성하는 특성을 이용하여 대장균의 확인이 가능하다.
재료 및 도구	– 재료: 조개류(수산식품) – 배지 및 시액: Minerals modified glutamate medium (MMGM), 5-bromo-4-chloro-3 indolyl-β-D-glucuronide (BCIG) 한천배지, 펩톤식염완충액(buffered peptone water) – 기기 및 도구: 스토마커(stomacher), 스토마커용 멸균백(stomacher bag), 고압증기멸균기(autoclave), 항온배양기(incubator), 시험관(test tube)

실험 방법

1. 시험용액의 제조

① 껍질을 제거한 조개류 200 g을 스토마커용 멸균백에 취하여 0.1% 펩톤식염완충액 200 mL를 첨가하고 스토마커를 이용하여 마쇄한다.

② 마쇄액 20 mL과 0.1% 펩톤식염완충액 80 mL를 혼합하여 10배 희석한 것을 시험용액으로 사용한다.

시험용액은 필요에 따라 100배, 1,000배 등으로 희석하여 사용한다.

2. MMGM(Minerals modified glutamate medium) 배지의 제조

직경 12 mm 정도의 시험관에 발효관(durham tube)을 거꾸로 넣은 후, 1배농도 EC배지 (single strength MMGM) 또는 2배농도 EC배지(double strenth MMGM)를 발효관 안에 거품이 생기지 않도록 시험관을 기울여 벽면으로 조심스럽게 10 mL씩 분주하고 멸균하여 사용한다. 1배농도 MMGM 배지는 3×2개 또는 5×2개를 만들고, 2배농도 MMGM 배지는 3개 또는 5개를 만든다.

① 1배농도 MMGM 배지의 제조(100 mL의 1배농도 EC 배지)

200 mL 비이커 또는 삼각플라스크에 EC 배지 분말(MMGM broth powder) 2.02 g을 칭량하여 넣고, 100 mL의 증류수를 가해 용해시킨다. 직경 15-18 mm 정도의 발효관(durham tube) 함유 시험관에 1배농도 MMGM 배지를 각각 10 mL씩 분주하여 3×2개 또는 5×2개의 SS MMGM 배지를 만든다.

② 2배농도 MMGM 배지 제조 (50 mL의 1배농도 MMGM 배지)

100 mL 비이커 또는 삼각플라스크에 유당배지 분말 2.02 g을 칭량하여 넣고, 50 mL의 증류수를 가해 용해시킨다. 직경 15-18 mm 정도의 발효관(durham tube) 함유 시험관에 2배농도 MMGM 배지를 각각 10 mL씩 분주하여 3개 또는 5개의 DS MMGM 배지를 만든다.

③ MMGM 배지의 멸균

각각의 MMGM 액체배지가 든 시험관은 뚜껑을 닫고 고압증기멸균기를 이용하여 121℃, 15분간 멸균한다.

3. 대장균 추정시험

① 2배 농도 MMGM 배지가 들어있는 시험관 5개에 시험용액을 각각 10 mL씩 접종하고, MMGM 배지가 들어있는 5개의 시험관에는 시험용액을 각각 1 mL씩 접종하고,

또 다른 5개의 MMGM 배지에는 시험용액을 각각 0.1 mL씩 접종한다.

② 시험용액을 접종한 시험관은 37±1℃에서 24±2시간 배양한 후, 결과를 확인한다.

③ 배양 결과 시험관 내의 배지 색깔이 노란색으로 변하면 대장균 양성으로 추정하고, 확정시험을 실시한다.

4. 대장균 확정시험

① 추정시험에서 양성으로 확인된 MMGM 시험관 배양액을 BCIG 한천배지에 분리하여 44±1℃에서 24±2시간 배양한다.

② 배양 후 청녹색(blue-green)의 전형적인 집락이 발생되면 대장균(*E. coli*) 양성으로 판정하고, 별표 2 최확수표에 따라 검체 100 g 중의 대장균 수를 산출한다.

최확수법의 제3법에 의한 대장균의 정량시험

실험 목적 및 적용 범위	유가공품, 식육가공품, 알가공품(축산식품)에 오염되어 있는 대장균의 수를 최확수법(제3법)에 의해 검사한다.
배경 및 원리	Brilliant green lactose bile(BGLB)는 유당을 발효하는 대장균군의 분리 및 확인에 사용될 수 있는 배지로서, 그람양성 세균과 대장균군을 제외한 대부분의 그람음성 세균을 억제할 수 있는 oxgall(담즙; bile)과 brilliant green을 함유하고 있다.

4-methyl-umbelliferyl-β-D-glucuronide (MUG) 함유 *Escherichia coli* (EC) 배지는 대장균에 의한 유당 발효능과 형광물질을 생성하는 특징을 이용하여 대장균을 검사하는데 사용되는 배지이다. 대장균(*E. coli*)은 MUG를 가수분해하여 형광물질을 생산할 수 있는 glucuronidase 효소를 생산한다. 따라서 EC-MUG (EC medium with MUG) 배양액을 장파장(366 nm)의 자외선 하에 노출시켜 푸르스름한 청색 형광을 확인함으로써 대장균의 존재 여부를 시험할 수 있다.

전형적인 *E. coli* 균주는 가스 생산과 형광 모두 발생 시 양성이다. 대장균 이외의 대장균군은 가스를 생성하지만 형광을 나타내지 않고, *Salmonella, Shigella, Yersinia* 균주들은 가스를 생산하지 않는 특성으로 구별된다.

재료 및 도구	– 식육 가공품(축산식품)
	– 배지 및 시액: Brilliant green lactose bile (BGLB) 배지, *E. coli* (EC) medium with MUG (EC-MUG), eosin methylene blue (EMB) 평판배지, IMViC (Indole, Methyl Red, Voges-Prosakaur, Citrate) test 시약, 그람염색 시약
	– 기기 및 도구: 스토마커(stomacher), 스토마커용 멸균백(stomacher bag), 고압증기멸균기(autoclave), 항온배양기(incubator), 현미경, 시험관(test tube)

실험 방법

1. 시험용액의 제조

시험용 검체 25 g을 멸균 가위 또는 멸균 칼을 이용하여 무균적으로 채취한 후, 스토마커용 멸균백에 담고, 멸균생리식염수 225 mL를 첨가하고, 스토마커를 이용하여 normal cycle에서 2분간 균질화시켜 시험용액으로 사용한다.

2. BGLB(Brilliant Green Lactose Bile Broth) 배지의 제조

직경 12 mm 정도의 시험관에 발효관(durham tube)을 거꾸로 넣은 후, 1배농도 BGLB 배지(single strength BGLB) 또는 2배농도 EC 배지(double strenth BGLB)를 발효관 안에 거품이 생기지 않도록 시험관을 기울여 벽면으로 조심스럽게 10 mL씩 분주하고 멸균하여 사용한다. 1배농도 BGLB 배지는 3×2개 또는 5×2개를 만들고, 2배농도 BGLB 배지는 3개 또는 5개를 만든다.

① 1배농도 BGLB 배지의 제조(100 mL의 1배농도 BGLB 배지)

　　200 mL 비이커 또는 삼각플라스크에 BGLB 배지 분말 (BGLB powder) 4.0 g을 칭량하여 넣고, 100 mL의 증류수를 가해 용해시킨다. 직경 15-18 mm 정도의 발효관(durham tube) 함유 시험관에 1배농도 BGLB 배지를 각각 10 mL씩 분주하여 3×2개 또는 5×2개의 SS BGLB를 만든다.

② 2배농도 BGLB 배지(50 mL의 1배농도 BGLB 배지) 제조

　　100 mL 비이커 또는 삼각플라스크에 BGLB 배지 분말(BGLB powder) 4.0 g을 칭량하여 넣고, 50 mL의 증류수를 가해 용해시킨다. 직경 15-18 mm 정도의 발효관(durham tube) 함유 시험관에 2배농도 BGLB 배지를 각각 10 mL씩 분주하여 3개 또는 5개의 DS BGLB를 만든다.

③ BGLB 배지의 멸균

　　각각의 BGLB 액체배지가 든 시험관은 뚜껑을 닫고 고압증기멸균기를 이용하여

121℃, 15분간 멸균한다.

3. 최확수 제3법에 의한 대장균 추정시험

① 2배농도 BGLB 배지가 들어있는 시험관 5개에 시험용액을 각각 10 mL씩 접종하고, BGLB 배지가 들어있는 5개의 시험관에는 각각 시험용액 1 mL씩 접종하고, 또 다른 5개의 BGLB 배지에는 각각 시험용액 0.1 mL씩 접종한다.

② 시험용액을 접종한 시험관은 37±1℃에서 24±2시간 배양한다.

③ 배양 결과, BGLB 배지에서 가스 생성 양성 반응이 나타난 시험관의 배양액을 EC-MUG 배지 또는 BGLB-MUG (Brilliant green lactose bile with MUG) 또는 LST-MUG(Lauryl sulfate tryptose broth with tryptophan and MUG)에 접종하여 44.5℃에서 24시간 배양한 후, 자외선 조사 하에 푸른 형광이 관찰되는 시험관을 대장균 양성으로 판정하고 최확수표(별표 1 또는 별표 2)에 따라 검체 100 g 중의 대장균 수를 산출한다.

4. 대장균 확인 시험

① 대장균 추정시험에서 가스 생성과 형광이 관찰된 것은 대장균 양성으로 판정한다.

② 대장균 확인 시험은 추정시험 양성으로 판정된 시험관의 배양액을 EMB배지 또는 MacConkey Agar에 이식하여 37℃에서 24시간 배양하여 전형적인 집락을 관찰하고, 그람염색, MUG시험, IMViC시험, 유당으로부터 가스 생성시험 등을 실시하여 최종 확인한다.

③ 대장균은 MUG시험에서 형광이 관찰되며, 가스 생성, 그람음성의 무아포간균이며, IMViC시험에서 "+ + − −"의 결과를 나타내는 것은 대장균(*E. coli*) biotype 1로 규정한다. IMViC검사는 indole 생성반응, methyl red test, Voges-Prokauer test, citrate 이용능 등의 4가지 시험이다.

  − Indole 생성 검사는 tryptophan 배지에서 미생물이 tryptophanase를 생산하여

tryptophan 분해로 indole과 pyruvate, 암모니아를 생산하는지 알아보는 것이다. *Enterobacter aerogenes*를 제외하고 *Escherichia coli*를 포함한 대부분의 장내세균은 tryptophanase를 생산한다.

- Methyl red test는 pH 4.5 이상에서는 노란색을 띠고 pH 4.5 미만에서는 붉은색을 띠므로 혼합산 발효를 하여 산을 생성하는 대장균은 붉은색 양성 반응을 보인다.

- Voges-Prokauer test는 pyruvate에서 butanediol이 생산될 때 중간체인 acetion에 대한 발색 검사이다. 여기에서 양성 반응은 butanediol 발효를 나타낸다.

- Citrate(IMViC의 C)는 glucose나 lactose가 존재하지 않을 때, 탄소원으로 citrate가 있는 합성배지에서 citrate를 이용하여 생육 가능한지 여부를 조사하는 것으로, *Escherichia coli*의 대부분 균주는 citrate를 세포 내로 수용하는 역할을 하는 citrate permease가 없어 음성을 나타낸다.

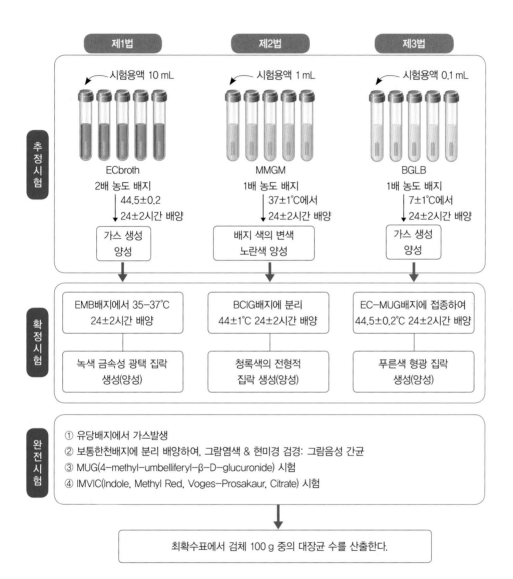

그림 6-6 대장균 정량시험: 최확수 제1법, 제2법, 제3법

별표 1. 3단계 희석 시험관 5개씩 시험했을 때 양성에 대한 최확수(95%의 신뢰한계)

양성관 수 A 10mL씩 5개	MPN 10mL	MPN의 신뢰한계 하한	MPN의 신뢰한계 상한
0	<2.2	0	6.0
1	2.2	0.1	12.6
2	5.1	0.5	19.2
3	9.2	1.6	29.4
4	16	3.3	52.9
5	>16	8.0	8

B 10mL씩 5개	1mL씩 5개	0.1mL씩 5개	MPN 10mL	MPN의 신뢰한계 하한	MPN의 신뢰한계 상한
0	0	1	2	<0.5	7
0	0	2	4	<0.5	11
0	1	0	2	<0.5	7
0	1	1	4	<0.5	11
0	1	2	6	<0.5	15
0	2	0	4	<0.5	11
0	2	1	6	<0.5	15
0	3	0	6	<0.5	15
1	0	0	2	<0.5	7
1	0	1	4	<0.5	11
2	2	2	14	4	34
2	3	0	12	3	28
2	3	1	14	4	34
2	4	0	15	4	37
3	0	0	8	1	19

양성관 수 A 10mL씩 5개			MPN 10mL	MPN의 신뢰한계 하한	MPN의 신뢰한계 상한
1	0	2	6	<0.5	15
1	0	3	8	1	19
1	1	0	4	<0.5	11
1	1	1	6	<0.5	15
1	1	2	8	1	19
1	2	0	6	<0.5	15
1	2	1	8	1	19
1	2	2	10	2	23
1	3	0	8	1	19
1	3	1	10	2	23
1	4	0	11	2	25
2	0	0	5	<0.5	13
2	0	1	7	1	17
2	0	2	9	2	21
2	0	3	12	3	28
2	1	0	7	1	17
2	1	1	9	2	21
2	1	2	12	3	28
2	2	0	9	2	21
2	2	1	12	3	28
4	5	1	48	16	124
5	0	0	23	7	70
5	0	1	31	11	89
5	0	2	43	15	114
5	0	3	58	19	144

PART 2 HACCP 적용을 위한 식품의 미생물 검사

(계속)

| B | | | MPN 10mL | MPN의 신뢰한계 | | B | | | MPN 10mL | MPN의 신뢰한계 | |
10mL씩 5개	1mL씩 5개	0.1mL씩 5개		하한	상한	10mL씩 5개	1mL씩 5개	0.1mL씩 5개		하한	상한
3	0	1	11	2	25	5	0	4	76	24	180
3	0	2	13	3	31	5	1	0	33	11	93
3	1	0	11	2	25	5	1	1	46	16	120
3	1	1	14	4	34	5	1	2	63	21	154
3	1	2	17	5	46	5	1	3	84	26	197
3	1	3	20	6	60	5	2	0	49	17	126
3	2	0	14	4	34	5	2	1	70	23	168
3	2	1	17	5	46	5	2	2	94	28	219
3	2	2	20	6	60	5	2	3	120	33	281
3	3	0	17	5	46	5	2	4	148	38	366
3	3	1	21	7	63	5	2	5	177	44	515
3	4	0	21	7	63	5	3	0	79	25	187
3	4	1	14	8	72	5	3	1	109	31	253
3	5	0	25	8	75	5	3	2	141	37	343
4	0	0	13	3	31	5	3	3	175	44	503
4	0	1	17	4	46	5	3	4	212	53	669
4	0	2	21	7	63	5	3	5	253	77	788
4	0	3	25	8	75	5	4	0	130	35	302
4	1	0	17	5	46	5	4	1	172	43	486
4	1	1	21	7	63	5	4	2	221	57	698
4	1	2	26	9	78	5	4	3	278	90	849
4	2	0	22	7	67	5	4	4	345	117	999
4	2	1	26	9	78	5	4	5	426	145	1,161
4	2	2	32	11	91	5	5	0	240	68	754
4	3	0	27	9	80	5	5	1	348	118	1,005
4	3	1	33	11	93	5	5	2	542	180	1,405
4	3	2	39	13	106	5	5	3	920	300	3,200
4	4	0	34	12	96	5	5	4	1,600	640	5,800
4	4	1	40	14	108	5	5	5	22,400	800	8
4	5	0	41	14	110						

별표 2. 3단계 희석(10, 1, 0.1 mL) 시험관 3개씩 시험했을 때의 양성에 대한 최확수와 95%의 신뢰한계

B			MPN 10mL	MPN의 신뢰한계		B			MPN 10mL	MPN의 신뢰한계	
10mL씩 5개	1mL씩 5개	0.1mL씩 5개		하한	상한	10mL씩 5개	1mL씩 5개	0.1mL씩 5개		하한	상한
0	0	0		0		2	0	0	9.1	1.0	36
0	0	1	3		9	2	0	1	14	2.7	37
0	0	2	6			2	0	2	20		
0	0	3	9			2	0	3	26		
0	1	0	3	0.085	13	2	1	0	15	2.8	44
0	1	1	6.1			2	1	1	20		
0	1	2	9.2			2	1	2	27		
0	1	3	12			2	1	3	34		
0	2	0	6.2			2	2	0	21	3.5	47
0	2	1	9.3			2	2	1	28		
0	2	2	12			2	2	2	35		
0	2	3	16			2	2	3	42		
0	3	0	9.4			2	3	0	29		
0	3	1	13			2	3	1	36		
0	3	2	16			2	3	2	44		
0	3	3	19			2	3	3	53		
1	0	0	3.6	0.085	20	3	0	0	23	3.5	120
1	0	1	7.2	0.87	21	3	0	1	39	6.9	130
1	0	2	11			3	0	2	64		
1	0	3	15			3	0	3	95		
1	1	0	7.3	0.88	23	3	1	0	43	7.1	210
1	1	1	11			3	1	1	75	14	230
1	1	2	15			3	1	2	120	30	380
1	1	3	19			3	1	3	160		
1	2	0	11	2.7	36	3	2	0	93	15	380
1	2	1	15			3	2	1	150	30	440
1	2	2	20			3	2	2	210	35	470
1	2	3	24			3	2	3	290		
1	3	0	16			3	3	0	240	36	1,300
1	3	1	20			3	3	1	460	71	2,400
1	3	2	24			3	3	2	1,100	150	4,800
1	3	3	29			3	3	3	22,400	460	

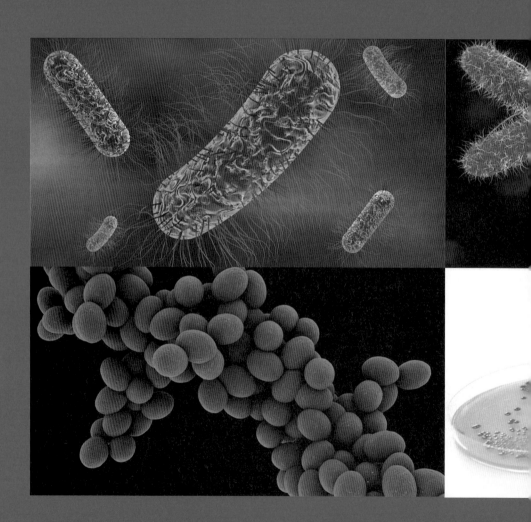

CHAPTER 7
—

식품 중
위해미생물 검사

1. 식품 중 위해미생물 검사의 개요

식품 중 위해미생물은 생물학적 위해요소에 포함되는 식중독 세균과 바이러스가 주요 원인 미생물이다. 세균에 의한 식중독은 감염형과 독소형 그리고 중간형 식중독으로 구분할 수 있다.

감염형 식중독은 살아있는 미생물을 식품과 더불어 섭취함으로써 발생되는 식중독으로서 원인 미생물은 살모넬라 장염균(*Salmonella* spp.), 병원성대장균(Pathogenic *Escherichia coli*), 리스테리아 모노사이토제네스(*Listeria monocytogenes*), 캠필로박터 제쥬니(*Campylobacter jejuni*) 등이 포함된다. 감염형 식중독은 일반적으로 잠복기가 12-48시간이며, 증상은 주로 설사와 발열 증상을 동반하지만 리스테리아 모노사이토제네스는 장염증상을 초래하지 않는다. 감염형 식중독과 관련된 장염 증상은 장독소로 작용하는 외독소 또는 내독소의 생성에 기인하는 것이다.

독소형 식중독은 세균이 식품 중에서 증식하면서 세포 외로 방출한 독소(외독소)를 식품과 더불어 섭취함으로써 발생하는 식중독이다. 그러므로 독소를 생산한 원인균이 식품 내에서 이미 사멸되었어도 독소가 잔존할 때에는 식중독이 발생할 수 있으며, 독소는 내열성이 강하여 가열에 의해 파괴되지 않는다. 독소형 식중독균의 원인균은 장독소(enterotoxin)를 생성하는 황색포도상구균(*Staphylococcus aureus*)과 신경독소(botulinum toxin)를 생성하는 클로스트리디움 보툴리눔(*Clostridium botulinum*)이 해당되며, 잠복기는 2-8시간 정도로 짧고, 일반적으로 설사, 복통과 구토 등의 증세가 나타난다.

중간형 식중독은 살아있는 다량의 세균에 의해 오염된 식품을 섭취한 후, 세균이 장내에서 증식하지는 않지만 장관 내에서 독소를 생성하여 발생하는 식중독으로, 독소 감염형으로도 불린다. 클로스트리디움 퍼프린젠스(*Clostridium perfringens*)와 바실러스 세레우스(*Bacillus cereus*)가 해당되며, 독소형 식중독으로 분류하기도 한다.

식중독 발생에 필요한 세균수(감염량)는 원인균의 종류에 따라 다르나 보통 10^6-

표 7-1 주요 식중독균의 감염량과 원인식품

식중독 분류	식중독 세균	감염량*	주요 원인 식품
감염형 식중독균	*Salmonella* sp.	6 log CFU/g 이상(* 장티푸스 15~20)	계란, 가금류, 육류 (가공품 포함)
	Campylobacter jejunii	400~500 CFU/g	가금류
	Listeria monocytogenes	10 CFU/g 이하(면역결핍환자)	치즈, 아이스크림, 채소
	E. coli O157:H7	10~100 CFU/g	다진 쇠고기
	Vibrio paraheamolyticus	5~7 log CFU/g	어패류
독소형 식중독균	*Staphylococcus aureus*	6~7 log CFU/g(1 ng/g 독소)	복합 조리식품
	Clostridium botulinum	독소: 극미량(1 ng/Kg)	육류 가공품
중간형 식중독균	*Bacillus cereus*	설사형 5~7 log CFU/g 구토형3~10 log CFU/g	곡류, 빵, 죽, 파스타, 스프루, 소스류
	Clostridium perfringens	7~8 log CFU/g	육류 가공품, 복합식품

※ 감염량은 음식과 함께 섭취된 특정 균체가 식중독 증상을 유발하는데 필요한 최소 균수로서, 개인의 감수성, 특정 균의 병원성, 식품의 종류 등에 따라 달라진다.

10^8 CFU/g 이상 필요하다고 알려져 있다. 그러나 장출혈성 대장균인 *E. coli* O157:H7 또는 *L. monocytogenes*의 경우에는 10-1000 CFU/g의 균수만으로도 사람에게서 발병이 가능하다.

1) 국내 식중독균 발병 현황

우리나라의 최근 5년간 식중독 발생은 2013년 4,958명, 2014년 7,466명, 2015년 5,981명, 2016년 7,162명, 2017년 5,649명 등으로 2000년대 후반에 비해 감소 추세에 있으나 여전히 높은 발병률을 보이고 있다(표 7-2). 주요 원인 미생물은 병원성 대장균(pathogenic *E. coli*), 노로바이러스, 살모넬라(*Salmonella* spp.), 캠필박터 제주니(*Campylobacter jejuni*), 클로스트리디움 퍼프린젠스(*Clostridium perfringens*), 황색포도상구균(*Staphylococcus aureus*) 등이며, 주요 원인식품으로는 육류 및 식육가공품이 약 50% 이상을 차지하는 것으로 나타났다.

식품의약품안전처가 2013-2015년에 발표한 '글로벌 위해식품정보'에서도 살모넬라와 리스테리아모노사이토제네스가 세계 주요 국가에서의 식품안전 위해요인 1, 2위로 나타났다. 미국에서 발병하는 식중독은 살모넬라균에 의한 식중독이 가장 높은 발병률을 보이고 있으며, 캠필로박터와 포도상구균에 의한 식중독도 증가 추세에 있다. 특히 리스테리아 식중독(Listeriosis)에 의한 사망 건수도 꾸준히 보고되고 있다(표 7-2).

표 7-2 최근 5년간 국내 식중독 발생 현황

연도	구분	병원성 대장균	살모넬라	장염비브리오균	캠필로박터제주니	황색포도상구균	클로스트리디움퍼프린젠스	바실러스세레우스	노로바이러스
2013	발생건수	31	13	5	6	5	33	8	43
	환자수	1089	690	40	231	63	516	112	1606
2014	발생건수	38	24	7	18	15	28	11	46
	환자수	1784	1416	78	490	195	1689	49	739
2015	발생건수	39	13	5	22	11	15	6	58
	환자수	2138	202	25	805	191	394	22	996
2016	발생건수	57	21	22	15	1	8	3	55
	환자수	2754	354	251	831	4	449	26	1187
2017	발생건수	48	21	9	6	0	7	10	47
	환자수	2393	665	354	101	0	69	73	970

자료: 식품의약품안전처

2) 식중독 미생물 검사법

식중독 미생물 시험은 균의 증균 및 분리, 그리고 확인을 위한 동정 시험 등에 의하여 검사하는 것을 원칙으로 하며, 식품공전에 제시되어 있는 공인된 시험법에 의해

표 7-3 한국과 미국의 주요 식중독 미생물

기준	주요 식중독 미생물	자료 출처
한국	병원성대장균, 살모넬라, 포도상구균, 클로스트리디움 퍼프린젠스, 캠필로박터제주니, 노로바이러스	한국식품의약품안전처
미국	살모넬라, 포도상구균, 캠필로박터 제주니, 리스테리아 모노사이토제네스, 노로바이러스	미국 질병통제 및 예방센터(CDC)
글로벌 위해식품정보(50개국)	살모넬라, 리스테리아 모노사이토제네스, 병원성대장균	한국식품의약품안전처

검사를 해야 한다. 그러나 산업 현장에서는 신속한 검사를 위하여 신속 검출 키트를 사용하여 검출 시험을 실시한 후 의심되는 경우에 공인된 검사법으로 검사한다.

(1) 식품공전에 제시된 방법: 전통적인 검출 방법

선택배지를 사용하는 전통적인 검출방법은 국제표준기구에서도 식중독세균 검출을 위한 표준 실험 방법으로 채택되어 있다. 국제적으로 통용되는 표준시험법들은 일부 정량적 분석이 필요한 식중독세균의 경우를 제외하고는 증균(enrichment), 분리 선택(selection), 확인(confirmation)의 기본적인 3단계 절차로 구성되어 있다. 즉 식품으로부터 식중독세균을 검출하기 위한 주요 과정은 다음과 같다. ① 식품의 제조 가공 및 주위환경으로부터 다양한 종류의 스트레스를 받은 식중독균을 소실 없이 검출할 수 있는 증균배양을 하는 방법의 적용, ② 분리 능력이 우수한 선택배지를 채택하는 것이다.

(2) 건조필름법

식중독 세균 검출을 위한 건조필름은 한천배지와 같은 영양성분을 이용하므로 실험의 원리는 전통적인 한천배지법과 같으나 배지의 제조나 배양 시간 등을 최대한 단축시켜 짧은 시간에 많은 실험을 할 수 있도록 개발된 새로운 미생물 시험법이다. 건조필름을 사용한 후에는 살아있는 세균이 필름 내부에 있을 수 있으므로 고압증기멸균 처리를 하여 폐기하거나, 전용 용기에 모아서 전문 폐기업체를 통해 폐기해야 한다.

(3) 식중독균 검출 키트 사용법

최근 국내에서도 *E. coli* O157:H7, 살모넬라, 황색포도상구균, 바실러스, 리스테리아와 같은 5종의 식중독균 검출 키트를 개발한 것으로 보도되었다. 현재 국내에서 구입 가능한 상업용 검출 키트는 BioSign kits (*Salmonella, Listeria, E. coli* O157:H7), Neogen Reveal Kits (*E. coli* O157:H7, *Salmonella, Listeria*) 등이 시판되고 있다. 국제적으로는 AOAC에 의해 공인되어 있는 각종 식중독균 검출 키트가 많이 시판되고 있다.

실험 목적

식품(샌드위치)에 오염된 황색포도상구균을 선택배지를 사용하여 분리 검출하고, 황색포도상구균의 오염 여부의 확인 시험법을 익힌다.

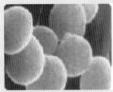 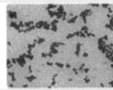 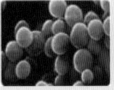 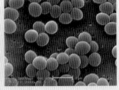

배경 및 원리

포도상구균(*Staphylococcus* spp.)은 포도송이 모양의 배열을 나타내는 그람양성의 통성혐기성 세균이다. 황색포도상구균은 건강한 사람의 코, 손, 피부, 모발뿐만 아니라 동물의 피부나 먼지, 식품 또는 식품기구 등 우리 생활환경에 널리 분포되어 있어 식품에 오염될 기회가 많다. 포도상구균 중에서 특히 장독소(엔테로톡신)를 생성하는 균주는 식품에 오염된 후 20℃이상의 온도에서 일정 시간 경과하면 장독소를 생성한다. 황색포도상구균이 생성한 장독소는 내열성이 있어 균이 사멸된 후에도 식품에 잔존하며, 독소가 함유된 식품의 섭취는 독소형 식중독을 유발한다.

황색포도상구균은 10-45℃ 온도 영역에서 증식할 뿐만 아니라 다른 세균에 비해 산성이나 알칼리성에서 생존력이 강하며, 10%의 염 농도에서도 생육할 수 있는 내염성 세균이며, 당알코올인 만니톨(mannitol)을 분해하여 산(acid)을 생성할 수 있다.

따라서, 황색포도상구균의 선택적 분리 배지인 난황첨가 만니톨·식염한천배지에서 황색포도상구균은 만니톨을 분해하여 산을 생성하여 집락 주위가 노란색으로 변하는 특징을 나타낸다. 그러나 만니톨 분해능이 없는 일반 *Staphylococcus epidermis*와 같은 포도상구균은 집락 주위의 배지 색상의 변화가 없거나 흰색 집락을 형성하고, 일반 세균은 무색의 집락을 형성하거나 생육이 억제되는 특징을 보이므로 식중독균인 황색포도상구균의 감별 배양이 가능하다.

Baird-Parker 한천배지에서 황색포도상구균의 전형적인 집락은 투명한 띠로 둘러싸인 광택이 있는 검정색 집락을 형성하고, Baird-Parker RPF 한천배지에서 불투명한 환으로 둘러싸인 검은색 집락을 형성하는 특징을 이용하여 확인 시험을 한다.

재료 및 도구	– 시료: 샌드위치
	– 배지 및 시액: 10% NaCl 첨가 trypticase soy broth(TSB) 배지, 난황첨가 만니톨식염한천배지(mannitol salt agar with egg yolk), Baird-Parker 한천 배지, Baird Parker RPF(rabbit plasma fibrinogen) 한천 배지, 그람염색 시액, 멸균생리식염수(0.85% NaCl 용액)
	– 기기 및 도구: 현미경, 항온배양기(incubator), 스토마커(stomacher), 스토마커용 멸균백(stomacher bag), 항온수조(water bath), vortex mixer, 피펫, 멸균배양접시(sterile petri dish), 도말봉(spreader) 등

실험 방법

1. 증균배양

멸균 배지병 또는 스토마커용 멸균백에 시료(샌드위치)를 무균적으로 25 g씩 취하여 10% NaCl을 첨가한 TSB 배지 225 mL를 가한 후 35-37℃에서 18-24시간 증균배양한다.

2. 분리배양

증균배양액을 난황첨가 만니톨 식염한천배지 또는 Baird-Parker agar 배지 또는 Baird Parker RPF (rabbit plasma fibrinogen) agar 배지에 접종하여 35-37℃에서 18-24시간 배양한다. 배양 결과 난황첨가 만니톨 식염한천배지에서 황색불투명 집락을 나타내고 주변에 혼탁한 백색환이 있는 집락 또는 Baird-Parker agar 배지에서 투명한 띠로 둘러싸인 광택이 있는 검정색 집락, 또는 Baird-Parker RPF agar 배지에서 불투명한 환으로 둘러싸인 검정색 집락은 확인 시험을 실시한다.

3. 확인 시험

분리 배양된 평판배지상의 집락을 보통한천배지(배지 8)에 옮겨 35-37℃에서 18-24시간 배양한 후 그람염색을 실시하여 포도상의 배열을 갖는 그람양성 구균을 확인한 후 coagulase 시험을 실시하여 24시간 이내에 응고 유무를 판정한다. Baird-Parker RPF agar 배지에서 전형적인 집락으로 확인된 것은 coagulase 시험을 생략할 수 있다. coagulase 양성으로 확인된 것은 생화학 시험을 실시하여 판정한다.

※본 실험법은 식품공전을 토대로 작성하였다.

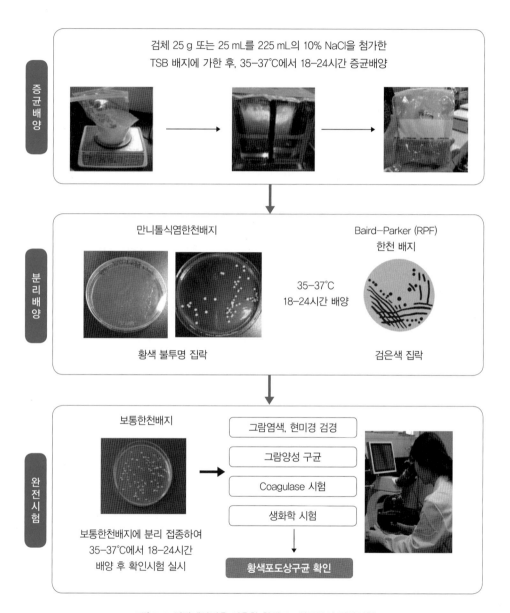

그림 7-1 평판배양법을 이용한 황색포도상구균의 정성시험

실험 목적

식품(샌드위치)에 오염된 황색포도상구균을 선택배지를 사용하여 분리 검출하고, 황색포도상구균의 오염 여부의 확인 시험법을 익힌다.

배경 및 원리

독소형 식중독의 원인균인 황색포도상구균은 사람의 피부에 서식하는 정상 균총으로서 손이나 코, 입 등에 분포하고 있는 황색포도상구균은 식품을 취급하는 사람의 손에 의한 오염 또는 기침과 재채기 등에 의해 식품에 오염될 수 있다. 식품에 오염된 황색포도상구균은 증식하며 장독소를 생성하여 식중독을 일으킬 수 있다. 또한 식품을 취급하는 기구나 도구의 비위생적 관리 및 살균 부족, 부적절한 온도에서의 식품 보관 등에 의해 식품에 오염될 수 있다. 따라서 황색포도상구균에 의한 식중독은 주로 봄철과 가을철에 발생하며, 김밥, 샌드위치, 샐러드 등의 식품을 비위생적으로 다루었거나 부적절한 온도에서의 장시간 보관으로 인하여 식중독 발병 빈도가 매우 높은 식중독이다.

황색포도상구균의 정량검사는 증균시험 과정을 거치지 않고, 오염되어 있는 정도를 검사하는 것으로써 황색포도상구균의 전형적인 집락을 형성하는 선택배지로서 Baird-Parker 한천배지를 이용하여 배양한 후 집락을 계수하여 오염도를 나타낸다. Baird-Parker RPF 한천배지는 coagulase 양성인 황색포도상구균에 선택적인 배지이지만, 다른 세균도 증식할 수 있으므로 확인 시험으로 생화학적 검사와 현미경 관찰을 통해 coagulase 양성과 *Staphylococci*의 형태를 분별해야 한다.

재료 및 도구

- 시료: 감자샐러드
- 배지 및 시액: Baird-Parker agar 배지, 보통한천배지, 그람염색 시액, 멸균생리식염수 (0.85% NaCl 용액)
- 기기 및 도구: 스토마커(stomacher), 스토마커용 멸균백(stomacher bag), 항온수조 (water bath), 현미경, 항온배양기(incubator), vortex mixer, 피펫(pipette), 멸균배양접시(sterile petri dish), 도말봉(spreader) 등

실험 방법

1. 시험용액의 제조 및 희석

① 시험용 검체 25 g을 멸균 피펫 또는 멸균 시약스푼을 이용하여 무균적으로 취한 후 스토마커용 멸균백에 담고, 멸균생리식염수 225 mL를 가하여 잘 분산시켜 시험용액을 만든다. 이때 시험용 검체가 덩어리인 경우 멸균 가위나 칼을 이용하여 무균적으로 절단 후 취한다.

② 스토마커를 이용하여 normal cycle에서 2분간 균질화하여 시험용액으로 한다.

③ 시험용액은 멸균생리식염수를 사용하여 10배 단계별로 희석한다.

2. 균수 측정

시험용액 또는 각 단계별 희석액 1 mL를 Baird-Parker 한천 평판배지 3개에 0.3 mL, 0.4 mL, 0.3 mL씩 나누어 각각의 접종액을 도말한다. 사용된 배지는 완전히 건조시켜 사용하고, 접종액이 배지에 완전히 흡수되도록 10분간 실내에서 방치시킨 후 배양한다. 35-37℃에서 48±3시간 배양한 다음, 3매의 평판배지에 생성된 투명한 띠로 둘러싸인 광택의 검정색 집락을 계수하여 합하고, 확인 시험을 실시한다.

3. 확인 시험

계수한 평판에서 5개 이상의 전형적인 집락을 선별하여 보통한천배지에 접종하고 35-37℃에서 18-24시간 배양한 후, 황색포도상구균의 확인 시험 항목인 그람염색과 coagulase 시험을 실시하여 판정한다.

4. 균수 계산

확인 동정된 균수에 희석 배수를 곱하여 계산한다.

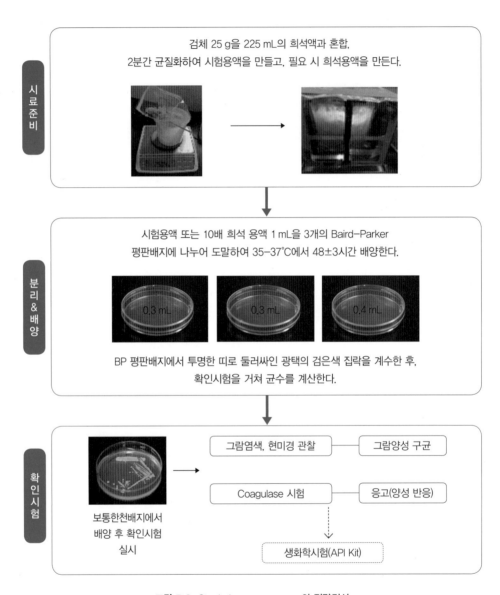

그림 7-2 *Staphylococcus aureus*의 정량검사

※ Analytical profile index(API) kit; 세균의 생화학적 동정(identification)을 위하여 biochemical test, assimilation test, fermentation test를 수행할 수 있는 간이키트로서 Staphylococcus aureus 동정은 API Staph 를 이용한다.

황색포도상구균 수의 기재 보고 예시

10^{-1} 희석용액을 0.3 mL, 0.3 mL, 0.4 mL씩 3매의 선택배지에 도말 배양하고, 3장의 집락을 합한 결과, 100개의 전형적인 집락이 계수되었고, 5개의 집락을 확인한 결과 3개의 집락이 황색포도상구균으로 확인되었을 경우, 시험용액 1 mL에 존재하는 황색포도상구균의 수는 $10 \times 100 \times (3/5)=600$으로 계산한다.

※본 실험법은 식품공전을 토대로 작성하였다.

건조필름을 이용한 황색포도상구균 검사

실험 목적	건조필름을 이용하여 간편하게 황색포도상구균의 오염도를 검사한다.
배경 및 원리	건조필름은 한천배지와 같은 영양성분을 이용하므로 실험의 원리는 전통적인 한천배지법과 같으나 배지의 제조나 배양 시간 등을 최대한 감소하여 짧은 시간에 많은 실험을 할 수 있도록 개발된 미생물 시험법이다. 황색포도상구균용 건조필름은 식품위생법에서 공인된 검사법은 아니지만, 실제 산업현장에서 취급하는 식품의 황색포도상구균 오염도를 신속하고 간편하게 측정하기 위해 많이 사용되고 있는 측정법이다.
	황색포도상구균용 건조필름의 배지 성분은 Modified Baird Parker이며, 지시약으로 함유된 TTC (Tri-phenyl-tetrazolium chloride)는 살아있는 균의 산화-환원 반응 결과, 적자색 집락을 형성하고, Dnase의 존재 여부를 나타내는 Toluidine blue-O 지시약 반응에 의해 핑크존이 형성되므로 황색포도상구균을 확인할 수 있다.
재료 및 도구	황색포도상구균 검사용 시험용액(실험 7-1에서 제조)
	황색포도상구균용 건조필름(Petrifilm Stap Express Count Plate), 건조필름용 누름판, 피펫(pipette), 피펫팁(pipette tip)

실험 방법

1. 황색포도상구균용 건조필름의 표지에 시험 일자, 시료명, 시험자 등을 기재한다.
2. 건조필름의 커버를 열고, 중앙에 각각의 시험용액 1 mL를 수직으로 떨어뜨려 접종한다.
3. 필름 커버를 기포가 생기지 않도록 살며시 덮고, 누름판을 올려 시료를 잘 흡수시킨다.
4. 35℃에서 24시간 배양한 후, 생성된 특유의 적자색(red violet) 집락을 계수한다.

1. 시험용액 또는 희석액 1 mL를 황색포도상구균용 건조필름배지에 접종한다(2매 이상).

→

2. 건조 필름 커버를 천천히 덮고, 누름판을 눌러 시험 용액을 배지 중앙에 흡수시킨다.

3. 35±1℃에서 24±2시간 배양 후, 황색포도상구균의 전형적인 적자색 집락의 수를 계수한다.

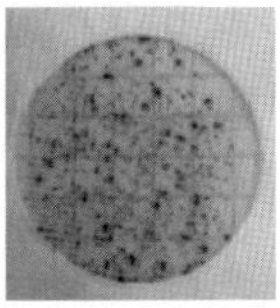

→

4. 평균 집락 수를 구하고, 희석배수를 곱하여 시료 1 g 중의 황색포도상구균 수를 산출한다.

그림 7-3 건조필름을 이용한 황색포도상구균 시험

실험 목적

식품공전에 제시된 〈전통적인 살모넬라 검출 시험법〉 중에서 식품 및 식육의 살모넬라 식중독균의 검출 방법을 익힌다.

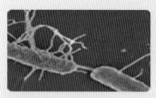 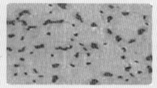 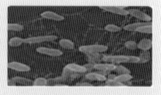

배경 및 원리

살모넬라(salmnonella) 식중독균은 사람이나 동물의 장관에 서식하고 있는 세균으로서, 대장균군과 달리 유당 발효능을 가지고 있지 않다. 일반적으로 사람에서 사람으로 전염되지 않고 음식에 오염되어 1 g당 10만 개 이상 수준으로 증식된 음식의 섭취에 의해 발병되는 감염형 식중독 세균이다.

살모넬라는 열에 약하여 저온살균(62-65℃에서 30분 가열)으로도 충분히 사멸되지만, 가열한 조리식품의 2차오염이나 불충분한 가열에 의해 식중독을 일으킬 수 있다. 또한 저온 및 냉동뿐만 아니라 건조에도 강한 특성을 지니고 있다. 따라서 살모넬라균은 식품 원료부터 제조, 가공, 유통 등의 푸드체인(food chain) 전 과정에 걸쳐 식품에 오염되기 쉬운 세균으로서, 전 세계적으로 발병율이 매우 높고 식품안전을 위협하는 대표적인 식중독균이므로 식품산업에서 살모넬라의 사전 검출은 매우 중요한 요소이다.

살모넬라균의 분리 배지인 xylose lysine deoxycholate agar(XLD) 배지는 장내 병원균의 분리와 선택을 위한 선택적 배지로서, 알칼리 조건에서 황화수소를 생성하여 검은색을 띠는 살모넬라균 집락을 형성하는 한편, 다른 장내 균총은 유당이나 설탕을 발효하여 적색의 배지를 노란색으로 변화시킨다. 또한 살모넬라의 선택적 증균은 살모넬라 이외의 다른 장내세균들의 성장을 억제하는 malachite green이 함유된 Rappaport-Vassiliadis(RV) 배지를 활용하여 42℃의 고온 배양을 통해 선택적으로 분리 가능하다.

살모넬라는 유당과 서당의 분해능은 없으나, 포도당, 맥아당, mannitol을 분해하여 산과 가스를 생성한다. 비분해(사면부 적색), 가스 생성(균열 확인) 양성인 균에 대하여 그람음성 간균, urease 음성, lysine decarboxylase 양성 등의 특성을 확인하여 살모넬라 양성으로 판정한다.

- 검사용 시료: 식육 및 식품
- 배지 및 시액: 〈표 7-4〉 참조
- 기기 및 도구: 스토마커(stomacher), 스토마커용 멸균백(stomacher bag), 시험관(test tube), 피펫(pipette), 피펫팁(pipette tip), 도말봉(spreader)

표 7-4 살모넬라 시험용 배지 및 시약(식품공전)

용도		배지 또는 시약명
증균배양 배지	1차 증균	펩톤식염완충액(Buffered peptone water)
	2차 증균	Tetrathionate broth(배지 87) Rappaport-vassiliadis(RV) broth(배지 57) Rappaport vassiliadis Soya(RVS) Broth(배지 88)
분리 배양용 배지		Xylose lysine desoxycholate(XLD) agar(배지 58) Brilliant green(BG) sulfa Agar(배지 90) Bismuth sulfite agar(배지 64) Desoxycholate citrate agar(DCA) 배지(배지 31) Hektoen enteric(HE) agar 배지(배지 91) Xylose lysine tergitol-4(XLT4) agar 배지(배지 92)
확인 시험	배지	Triple sugar iron(TSI) agar 배지(배지 32) Lysine iron agar(LIA) 사면 배지(배지 93)
	시약	그람염색 키트, IMViC test 시약, 응집시험용품, 생화학 실험용 시약

※ 배지 번호는 식품공전 제7 일반시험법 – 4. 미생물 시험법의 배지 참조

실험 방법

1. 증균배양

검체 25 g을 스토마커용 멸균백에 무균적으로 취하고, 225 mL의 펩톤식염완충액을 첨가하여 36±1℃에서 18-24시간 동안 1차 증균배양한다. 1차 증균배양액은 2종류의 증균배지, 즉 10 mL의 tetrathionate broth 배지에 1 mL를 첨가함과 동시에 10 mL의 Rappaport-vassiliadis(RV) broth 또는 Rappaport vassiliadis soya(RVS) broth에 0.1 mL를 첨가하여 각각 $36\pm1℃$(tetrathionate broth 배지) 및 $42\pm0.5℃$(RV broth 또는 RVS broth)에서 20-24시간 동안 2차 증균배양한다.

2. 살모넬라 분리배양

각각의 2차 증균배양액을 XLD agar 배지, BG Sulfa agar 배지, Bismuth Sulfite agar배지, Desoxycholate citrate agar 배지, Hektoen enteric (HE) agar 배지, Xylose lysine tergitol-4 (XLT4) agar 배지 중 하나에 도말한 후 $36\pm1℃$에서 20-24시간 배양한다. 평판에 생성된 집락이 유당 비분해(무색) 및 황화수소(H_2S) 생산으로 검은색 집락이 형성된 것을 의심 집락으로 간주하고, 의심집락은 5개 이상 취하여 확인 시험을 한다.

3. 확인 시험

① 생화학적 확인 시험

의심스러운 집락에 대해 Triple sugar iron (TSI) agar 배지 또는 Lysine iron agar (LIA) 사면 배지에 천자하여 $37\pm1℃$에서 20-24시간 배양한다. TSI 및 LIA 검사결과 살모넬라균으로 추정되는 균에 대해서는 그람음성의 간균임을 확인하고, Indol(-), MR(+), VP(-), Citrate(+), Urease(-), Lysine(+), KCN(-), malonate(-) 시험 등의 생화학적 검사를 실시하여 살모넬라 양성유무를 판정한다.

② 응집시험

균종 확인이 필요한 경우 살모넬라 진단용 항혈청을 사용한 응집반응 결과에 따라 균종을 결정한다. 먼저 살모넬라 O혼합혈청 시험으로써 다가 O항혈청을 사용하여 슬라이드 응집반응검사를 실시한 후 살모넬라 O인자 혈청시험 즉 A, B, C, D, E군 등의 인자 항혈청으로 슬라이드 응집반응을 실시하여 O혈청형을 결정한다. H인자 혈청시험은 편모(H) 항혈청 즉 a, b, c, d, e, h, g, k, l , r, y, 1.2, 1.3, 1.5, 1.6 등에 대해 시험관 응집반응을 실시하여 결정한다.

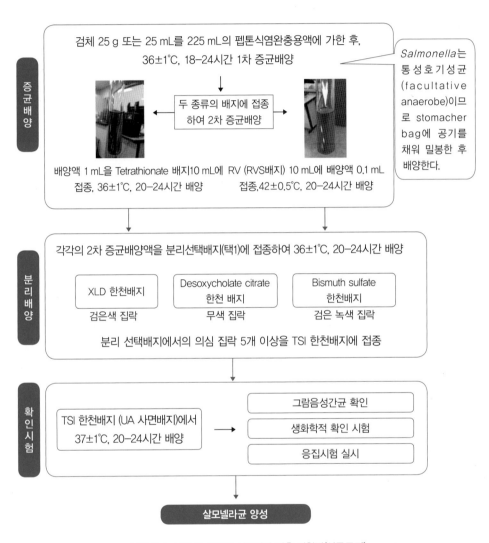

증균배양

검체 25 g 또는 25 mL를 225 mL의 펩톤식염완충용액에 가한 후, 36±1℃, 18-24시간 1차 증균배양

두 종류의 배지에 접종하여 2차 증균배양

배양액 1 mL을 Tetrathionate 배지10 mL에 접종, 36±1℃, 20-24시간 배양

RV (RVS배지) 10 mL에 배양액 0.1 mL 접종,42±0.5℃, 20-24시간 배양

*Salmonella*는 통성호기성균(facultative anaerobe)이므로 stomacher bag에 공기를 채워 밀봉한 후 배양한다.

분리배양

각각의 2차 증균배양액을 분리선택배지(택1)에 접종하여 36±1℃, 20-24시간 배양

XLD 한천배지
검은색 집락

Desoxycholate citrate 한천 배지
무색 집락

Bismuth sulfate 한천배지
검은 녹색 집락

분리 선택배지에서의 의심 집락 5개 이상을 TSI 한천배지에 접종

확인시험

TSI 한천배지 (UA 사면배지)에서 37±1℃, 20-24시간 배양

그람음성간균 확인

생화학적 확인 시험

응집시험 실시

살모넬라균 양성

그림 7-4 식품 및 식육의 살모넬라 검출 시험법(식품공전)

※본 실험법은 식품공전을 토대로 작성하였다.

실험 목적	상업용 살모넬라 검출 키트를 사용하여 식용란의 살모넬라 오염도를 신속하게 검출한다.
배경 및 원리	살모넬라균은 사람과 포유동물, 가금류 및 조류 등의 장내에 서식하는 장내세균이다. 따라서 가금류의 경우, 산란 과정에 장내미생물이 계란의 외부 표면(난각)에 부착되어 유통될 수 있다. 2015년 미국에서는 살모넬라균에 오염된 5억 개의 계란이 리콜되는 사례도 발생하였으며, 국내에서도 살모넬라가 오염된 달걀지단이 문제가 되기도 하였다. 따라서 제빵 원료를 비롯하여 각종 식품의 부재료로 사용되는 계란의 위생 상태 확인은 매우 중요하다.

살모넬라 검출 키트에는 배지 및 소모품이 포함되어 있어 간편하게 실험이 가능하고, 높은 민감도와 선택성이 있으며, 신속하게 결과를 확인할 수 있는 장점이 있다. *Salmonella* 검출 키트의 종류에는 BioSign Salmonella Kit, Reveal Samonella Kit 등을 비롯하여 다양한 키트가 시판되고 있다.

기존의 전통적 방법(식품공전법)에 의한 살모넬라 검출 시간은 약 4일이 소요되는 반면, BioSign Samonella kit는 검출 민감도가 높을 뿐만 아니라, 검출에 소요되는 시간이 약 28시간 정도로 매우 빠른 검출이 가능하므로, HACCP 적용 산업체에서 많이 사용되고 있는 간이 측정법이다.

재료 및 도구	– 검사 시료: 식용란 – 배지: Ferrous sulfate supplemented trypticase soy broth (TSB) 배지, Rappaport-vassiliadis (RV) 배지, Xylose lysine deoxycholate (XLD) 한천 배지 – 살모넬라 진단 키트: BioSign Samonella kit – 기타: 마이크로피펫(micropipette), 피펫팁(pipette tip), 도말봉(spreader)

실험 방법

1. 축산물 시험법에 따른 시료 채취 및 시험용액 만들기

식용란 20개를 축산물 실험 방법의 〈시료채취 및 조제〉에 따라 채취하여 4L 용량의 멸균 비커 또는 멸균 비닐백 등 적정한 용량의 멸균 용기에 넣어서 준비한 다음 멸균 도구 등을 이용하여 난황과 난백이 섞이도록 균질화시킨다. 달걀을 깰 때는 위생장갑을 껴야 하며 샘플마다 위생장갑을 바꾸어야 한다.

2. 증균배양

① 준비된 시료에 2 L의 멸균 TSB 배지를 섞어 35℃에서 24±2시간 동안 증균한다.

② 1차 배양액을 2종류의 증균 배지, 즉 10 mL의 tetrathionate 배지에 1 mL를 첨가함과 동시에 10 mL의 Rappaport-vassiliadis (RV) broth 또는 Rappaport vassiliadis soya (RVS) broth 배지에 0.1 mL를 첨가하여 각각 36±1℃(tetrathionate 배지) 및 42±0.5℃(RV broth 또는 RVS broth)에서 20-24시간 동안 2차 증균배양시킨다. 이 배양액을 20-24시간 동안 증균배양한다.

3. 키트를 사용한 식용란의 살모넬라 분리 및 확인

2차 증균배양액을 100 μL를 취해 살모넬라 검출 키트에 점적하고, 5-10분 후 반응을 확인하여 판정한다.

4. 결과 판독

판독용 test device에 두 줄의 붉은 선이 생성되면 양성으로 판정하고, 1줄의 붉은 줄이 생성되면 음성으로 판정한다.

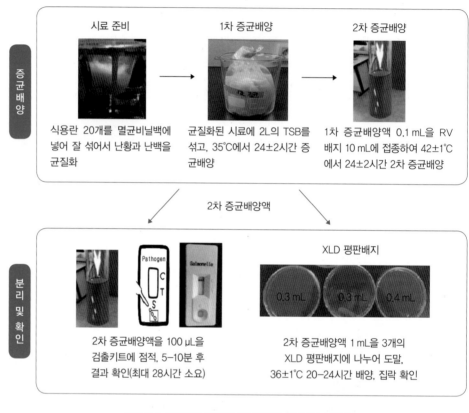

증균배양

시료 준비	1차 증균배양	2차 증균배양
식용란 20개를 멸균비닐백에 넣어 잘 섞어서 난황과 난백을 균질화	균질화된 시료에 2L의 TSB를 섞고, 35°C에서 24±2시간 증균배양	1차 증균배양액 0.1 mL을 RV 배지 10 mL에 접종하여 42±1°C 에서 24±2시간 2차 증균배양

2차 증균배양액

분리 및 확인

	XLD 평판배지
2차 증균배양액을 100 μL을 검출키트에 점적, 5-10분 후 결과 확인(최대 28시간 소요)	2차 증균배양액 1 mL을 3개의 XLD 평판배지에 나누어 도말, 36±1°C 20-24시간 배양, 집락 확인

그림 7-5 살모넬라 검출키트를 이용한 살모넬라 시험법

5. 보충 시험: 평판배양법을 이용한 살모넬라의 분리 및 확인

① 살모넬라 2차 증균배양액 1 mL를 XLD Agar 평판 3개에 0.3 mL, 0.3 mL, 0.4 mL로 나누어 각각 도말한 후, 36±1°C에서 20-24시간 배양한다.

② 평판에 생성된 집락이 유당 비분해(무색) 및 황화수소(H_2S) 생산으로 검은색 집락으로 형성된 것은 의심 집락으로 간주하고, 의심집락은 5개 이상 취하여 확인 시험을 한다.

평판배양법을 이용한 리스테리아 모노사이토제네스 검출 시험(식품공전)

실험 목적

잠재적 위험성이 높은 리스테리아 모노사이토제네스 세균의 전통적 검출 방법을 익힌다.

 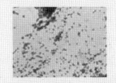 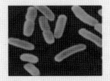 

배경 및 원리

리스테리아 모노사이토제네스(*Listeria monocytogenes*)는 그람 양성, 무아포성 단간균으로서 호기성 또는 통성혐기성이며, 토양, 물, 동물, 채소 등 자연계에 널리 분포하고 있는 세균이다.

리스테리아 모노사이토제네스는 식품과 더불어 섭취되어 일반적인 장염 증상을 유발하는 것이 아니라 장관점막을 지나 혈관계로 들어가 다른 조직에 침입하여 뇌수막염, 유산이나 사산 등의 치명적 결과를 초래하는 리스테리아증(Listeriosis)의 원인균이다. 면역 기능이 저하된 노인과 어린이, 임산부에게는 10^2 CFU/g 이하의 낮은 균수에 의해 서로 감염될 수 있으며 20% 이상의 높은 치사율을 나타내는 감염균이다. 그러나 건강한 사람들에게는 식중독 감염량이 10^7 CFU/g 이상이며, 국내에서는 발병 사례가 보고되지 않았지만, HACCP 적용 식품의 경우 리스테리아균을 생물학적 위해요소로 판단하여 리스테리아 검출 시험이 수행되고 있다.

리스테리아 모노사이토제네스의 검출 원리는 증균 배지를 사용하여 증균배양을 한 다음, 선택배지인 Lithium chloride-phenylethanol-moxalactam (LPM) agar 배지, Oxford Agar 또는 Polymyxin acriflavine lithium chloride ceftazidime aesculin mannitol (PALCAM) agar 배지에 증균배양액을 획선 접종시켜 배양한다. 배양된 리스테리아균의 전형적인 집락모양인 진한 갈색 또는 검은색 환으로 둘러싸인 집락을 선택한다. 분리된 유사 집락에 대해서는 그람염색으로 그람양성 간균을 확인하고, catalase test, CAMP test, motility test, hemolysis test 등과 같은 생화학 성상 시험을 실시하여 판정한다.

재료 및 도구

– 시료: 유가공품
– 배지 및 시액: 〈표 7-5〉 참조

– 기기 및 도구: 항온배양기(incubator), 스토마커(stomacher), 스토마커용 멸균백 (stomacher bag), 현미경, 피펫(pipette), 시험관(test tube)

표 7-5 *Listeria monocytogenes* 검출 배지 및 시약

용도		배지 또는 시약명
증균배양 배지	1차 증균	Listeria enrichment 배지(배지 35) Polymyxin acriflavine lithium chloride ceftazidime aesculin mannitol(PALCAM) broth University of Vermont modified Listeria enrichment(UVM) 배지(배지 36)
	2차 증균	Fraser broth
분리배양용 배지		Oxford 한천배지(배지 38) LPM agar 배지(배지 39) Polymyxin acriflavine lithium chloride ceftazidime aesculin mannitol (PALCAM) 한천 배지(배지 65) Trypticase soy agar 배지(배지 40)
확인 시험	시약	그람염색 키트, 생화학 실험용 시약
	표준 균주	*Staphylococcus aureus* (ATCC 25923) *Rhodococcus equi* (ATCC 6939)

※ 배지 번호는 식품공전 제7 일반시험법 4. 미생물 시험법의 배지 참조

실험 방법

1. 증균배양

① 가공식품 및 수산물에 대해서는 증균배지로 Listeria 증균배지를 사용하며, 검체 25 g를 취하여 225 mL의 Listeria 증균배지를 가한 후 30℃에서 48시간 배양한다(1차 증균배양).

② 유가공품, 식육가공품, 알가공품, 식육 및 가금류는 검체 25 g을 Listeria 증균배지, PALCAM broth 또는 UVM-modified Listeria 증균배지 225 mL와 잘 섞어서 30℃에서 24±2시간 동안 증균배양한 후, 배양액 0.1 mL를 10 ml의 Fraser broth에 접종하여 35-37℃에서 24-48시간 배양한다(2차 증균배양).

2. 분리 배양

증균배양액을 Oxford 한천배지(또는 LPM 한천배지 또는 PALCAM 한천배지)에 접종하여 35-37℃에서 24-48시간 배양한다. 의심집락이 확인되면 이를 0.6% yeast extract가 포함된 trypticase soy agar배지에 접종하여 30℃에서 24-48시간 배양한다.

3. 확인 시험

① 그람염색 후 현미경으로 관찰하여 그람양성 간균 여부를 확인한다.

② 그람양성 간균임이 확인되면 hemolysis, motility, catalase, CAMP test와 mannitol, rhamnose, xylose의 당분해 시험을 실시한다.

③ 이 결과 β-hemolysis를 나타내고, catalase 양성, motility 양성을 나타내며 CAMP test 결과 *Staphylococcus aureus*(ATCC 25923)에서 양성, *Rhodococcus equi* (ATCC 6939)에서 음성으로 나타나는 동시에 당 분해시험 결과 mannitol 비분해, rhamnose 분해, xylose 비분해의 결과를 보일 경우 *Listeria monocytogenes* 양성으로 판정한다.

※본 실험법은 식품공전을 토대로 작성하였다.

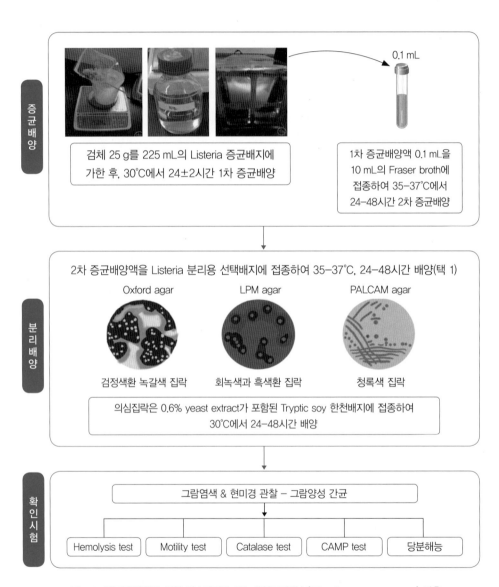

그림 7-6 전통적 방법에 의한 리스테리아 모노사이토제네스(*Listeria monocytogenes*) 검출

검출 키트를 사용한 육류의 *Listeria* 식중독균 검출 시험

실험 목적	*Listeria* 검출 키트의 사용법을 익히고, *Listeria*를 신속하게 검출하여 식품의 안전성을 확보한다.

배경 및 원리

리스테리아 모노사이토제네스(Listeria monocytogenes)는 건조하거나 염도가 높은 환경에서도 생존할 수 있으며, 특히 저온에서도 증식이 가능한 세균이므로 냉장 또는 냉동 유통되는 식품의 경우, 식중독 발병의 잠재적 위험성이 높은 식중독균이다. 리스테리아 모노사이토제네스에 의한 식중독은 1895년 처음 보고된 이래 발병 사례가 증가함에 따라, 미국 식품산업 현장에서는 zero tolerant를 목표로 설정하기도 하였다. 국내에서의 발병 사례는 보고되지 않았으나, 최근 노르웨이산 훈제연어를 비롯한 육가공 수입식품과 냉동 빙과류 등에서의 검출 사례가 언론에 보도되고 있다.

세계보건기구에 따르면 최근 1년 동안 남아프리카공화국에서 보고된 리스테리아 감염자는 950명에 달하고, 그 중 180명이 사망한 것으로 보도되었으며(2018. 3월), 미국에서도 2011년 리스테리아증(listeriosis)에 의한 사망자가 15명에 달하는 것으로 보도되었다. 리스테리아 모노사이토제네스는 수 개의 세포에 의해서도 발병이 가능하고 치사율이 20% 정도로 치명적인 식중독균이며, CODEX, FAO, NACMCF 등의 국제적 기관에서의 위해도 평가에서 위해도가 높은 식중독균으로 관리하고 있다. 따라서 HACCP 적용 식품에서 *Listeria* 검출 시험은 주요 검사 항목에 포함되기도 한다.

리스테리아 모노사이토제네스 검출 시험은 식품공전의 전통적 방법을 적용할 경우, 6-8일 정도 소요되고 확인 시험 또한 매우 복잡한 반면, BioSign와 같은 키트를 사용하는 경우, 검출시간이 3-4일 정도로 단축되고, 간편하게 측정할 수 있으므로, 식품산업 현장에서는 *Listeria* 검출 키트를 많이 사용하고 있다.

Listera enrichment broth는 리스테리아의 선택적 분리를 위한 증균배지로 사용하고, Fraser 배지는 리스테리아의 선택적 농축(강화)를 위한 배지로 사용하여 분리한 후, 검출 키트를 사용하여 확인 시험을 한다.

재료 및 도구

- 시료: 육류
- Listeria 검출 키트 : BioSign for Listeria kit

- 배지: Listera enrichment broth (LEB) 배지, Fraser broth, Listeria 건조필름
- 기기 및 도구: 스토마커(stomacher), 마이크로피펫(micropipette), 피펫팁(pipette tip), 도말봉(spreader)

실험 방법

1. 1차 증균배양

검체 25 g에 225 mL의 *Listeria* 증균배지(Listeria enrichment broth, LEB)를 가한 후, 30℃에서 48시간 동안 1차 증균배양한다.

2. 2차 증균배양

1차 증균배양액 0.1 mL를 10 mL의 Fraser broth에 접종하고, 35-37℃에서 24-48시간 동안 2차 증균배양한다.

3. 리스테리아의 분리 및 확인 시험

2차 증균배양액 100 μL를 취해 *Listeria* 검출 키트에 점적하고, 5-10분 후 반응을 확인하여 판정한다.

4. 결과 판정

판독용 test device에 두 줄의 붉은 선이 생성되면 양성으로 판정하고, 1줄의 붉은 줄이 생성되면 음성으로 판정한다.

5. 보충 시험

*Listeria*용 건조필름을 이용하여 적자색의 리스테리아 집락을 확인한다.

증균배양

분리확인

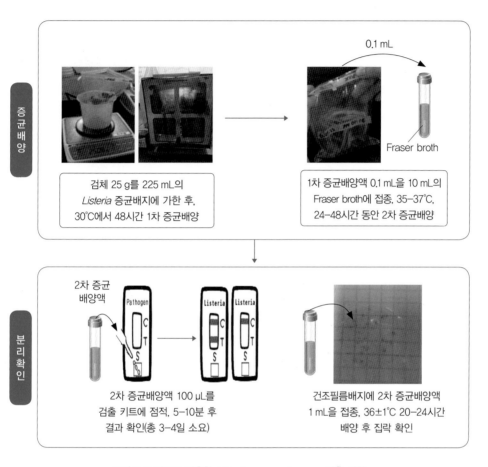

0.1 mL

Fraser broth

검체 25 g를 225 mL의
Listeria 증균배지에 가한 후,
30℃에서 48시간 1차 증균배양

1차 증균배양액 0.1 mL을 10 mL의
Fraser broth에 접종, 35–37℃,
24–48시간 동안 2차 증균배양

2차 증균
배양액

Pathogen

Listeria

Listeria

2차 증균배양액 100 μL를
검출 키트에 점적, 5–10분 후
결과 확인(총 3–4일 소요)

건조필름배지에 2차 증균배양액
1 mL을 접종, 36±1℃ 20–24시간
배양 후 집락 확인

그림 7-7 키트를 이용한 *Listeria monocytogenes* 검출 시험

실험 목적

분쇄가공육의 장출혈성대장균(Enterohemorrhagic *Escherichia coli*) 오염 여부를 확인하는 방법으로써, 평판배양법과 PCR 분석법에 의해 베로톡소를 검출하는 방법을 익힌다.

 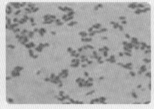 

출처: 식품안전나라(식약처 식품안전정보 포털 사이트 https://www.foodsafetykorea.go.kr)

배경 및 원리

대장균(Escherichia coli)은 사람 및 동물의 대장 내에서 분포되어 있는 균으로, 이들 대장균은 혈청항원에 따라 O항원, K항원, H항원으로 구분되는 병원성 대장균이 있다. 병원성 대장균의 발병 특성과 독소의 종류에 따라 베로독소를 생성하는 장출혈성 대장균(Enterohemorrhagic *E. coli*, EHEC)과 enterotoxin을 생성하는 장독소형 대장균(Enterotoxigenic *E. coli*, ETEC), 대장 점막의 상피세포에 침투하여 조직 내 감염을 일으키는 장관침투성 대장균(Enteroinvasive *E. coli*, EIEC), 그리고 급성장염을 일으키는 장관병원성 대장균(Enteropathogenic *E. coli*, EPEC)등으로 분류하고 있다.

장출혈성대장균은 일반 대장균과 달리 sorbitol 발효능이 없거나 약하고, glucuronidase 활성이 없기 때문에 SMAC 배지에서 무색 집락을 형성하는 특징을 보인다. 또한 장출혈성대장균은 증식할 때 베로독소를 생성하여 장세포를 파괴하여 출혈을 일으키고, 출혈 후 베로독소는 혈액의 흐름에 따라 체내를 돌면서 적혈구를 파괴하고 신장 기능에 손상을 주어 면역력이 약한 사람에게는 치명적이다. 장출혈성 대장균은 혈청형에 따라 O26, O103, O146, O157등이 있으며 대표적인 균은 *E. coli* O157:H7이다.

장출혈성대장균의 식중독 원인 식품은 주로 숙주인 동물 유래 식품과 감염 동물의 분변에 오염된 토양 및 물에 의해 2차 오염된 식품으로서 분쇄가공육과 각종 채소류와 샐러드 등이 있다. 장출혈성대장균은 감염량이 매우 낮아 100 CFU/g 이하의 농도에서도 독소를 생성하고, 치사율이 매우 높은 식중독균이다.

식품의 장출혈성대장균 오염도 검사법은 일반 대장균과 달리 베로독소 유전자를 확인해야 한다. Polymerase chain reaction (PCR) 분석법에 의하여 증균배양액의 베로독소 유전자 확인 시험을 실시하여 베로독소(VT1 그리고/또는 VT2) 유전자가 확인되지 않을 경우 불검출로 판정할 수 있다. 베로독소 유전자가 확인된 경우에는 반드시 순수 분리하여 분리된 균의 베로독소 유전자 보유 유무를 재확인하고, 베로독소가 확인된 집락에 대하여 생화학적 검사를 통하여 대장균으로 동정된 경우 장출혈성대장균으로 판정한다.

재료 및 도구	– 검사용 시료: 채소류 – 배지 및 시약: modified trypticase soy broth (mTSB), tellurite-cefixime-sorbitol MacConkey (TC-SMAC) 배지, 5-bromo-4-chloro-3-indolyl-β-D-glucuronide (BCIG) agar 배지, PCR 키트, 그람염색키트 – 기기 및 도구: 항온배양기(incubator), 스토마커(stomacher), 스토마커용 멸균백 (stomacher bag), 저울, PCR, 피펫(pipette), 피펫팁(pipette tip)

실험 방법

1. 증균배양

쇠고기 분쇄육 25 g을 취하여 225 mL의 mTSB 배지를 가한 후, 35-37℃에서 24시간 증균배양한다.

2. 분리배양

장출혈성대장균의 분리를 위해 TC-SMAC 배지와 BCIG 한천배지에 각각 접종하여 35-37℃에서 18-24시간 배양한다.

3. 확인 시험

① TC-SMAC배지에서는 sorbitol을 분해하지 않은 무색집락을, BCIG 한천배지에서는 청록색 집락을 각각 5개 이상 취하여 보통한천배지에 옮겨 35-37℃에서 18-24시간 배양한다. 전형적인 집락이 5개 이하일 경우 취할 수 있는 모든 집락에 대하여 확인 시험을 실시한다.

② 배양 후 집락에 대하여 베로독소 유전자 확인을 위한 PCR 시험을 수행한다.

③ 베로독소 양성 반응을 나타낸 집락을 대상으로 그람염색을 실시하여 그람음성 간균을 확인하고, 생화학시험을 실시하여 대장균으로 확인된 경우 장출혈성대장균으로 판정한다.

※ **베로독소 유전자 확인실험은 다음의 PCR법에 따라 실시한다.**

① 주형유전자 준비

전형적인 집락을 취하여 멸균증류수 100 μL에 현탁 후, 10분간 끓여 원심분리하고, 상등액 10 μL를 취하여 시료로 사용한다.

② PCR 프라이머 염기서열

유전자	염기서열(5′→3′)	결과확인
VT1	(F) ATA AAT CGC CAT TCG TTG ACT AC (R) AGA ACG CCC ACT GAG ATC ATC	180 bp
VT2	(F) GGC ACT GTC TGA AAC TGC TCC (R) TCG CCA GTT ATC TGA CAT TCT G	255 bp

③ PCR 반응액 조제

성분	최종농도	Stock용액 농도	1회 용량
완충액	1×	10×	5 μL
MgCl₂	1.2 mM	12 mM	5 μL
dNTPs	0.2 mM	2.5 mM	4 μL
VT1 프라이머(F)	50 pmol/tube	50 pmol/μL	1 μL
VT1 프라이머(R)	50 pmol/tube	50 pmol/μL	1 μL
VT2 프라이머(F)	50 pmol/tube	50 pmol/μL	1 μL
VT2 프라이머(R)	50 pmol/tube	50 pmol/μL	1 μL
주형 DNA	25–50 ng 또는 10 μL	–	10 μL
Taq	2.5 U/tube	5 U/μL	0.5 μL
증류수	–	–	21.5 μL
총량	–	–	50 μL

④ PCR 반응 조건

PCR 반응은 아래 표의 반응 단계 1-5까지 순차적으로 실시하되 5단계는 생략할 수
있다. 반응 1단계는 10회 반복으로 결합 온도 65℃, 반응 2단계는 5회 반복으로 결합
온도 64℃에서 시작하여 반응 회수마다 결합 온도를 1℃ 감소시켜 마지막 5회는 결합
온도가 60℃이며, 뒤의 반응 3단계는 10회 반복으로 결합 온도 60℃로 유지하고, 반
응 4단계는 신장 시간을 150초로 늘려 10회 반응시킨다.

※ 이 방법은 ISO의 Shiga toxin-producing Escherichia coli (STEC) PCR 검사법의 일부
를 변경하여 사용한 것이다. PCR 조건이 최적이 아닌 경우 변형하여 사용할 수 있다.

반응 단계	구분	온도	시간	반응회수
1	변성(denaturation)	95℃	60초	10회
	결합(annealing)	65℃	120초	
	신장(extension)	72℃	90초	

(계속)

반응 단계	구분	온도	시간	반응회수
2	변성(denaturation)	95℃	60초	5회
	결합(annealing)	64℃→60℃ 1℃/회 감소	120초	
	신장(extension)	72℃	90초	
3	변성(denaturation)	95℃	60초	10회
	결합(annealing)	60℃	120초	
	신장(extension)	72℃	90초	
4	변성(denaturation)	95℃	60초	10회
	결합(annealing)	60℃	120초	
	신장(extension)	72℃	150초	
5	보존(store)	4℃	–	–

⑤ 결과 확인

최종산물의 반응액 5 μL를 취하여 2.0% agarose gel로 100V에서 25분간 전기영동하고 ethidium bromide(EtBr)(1 μL/mL) 또는 동등한 기능의 염색시약으로 염색한 후 UV를 이용하여 반응생성물을 확인한다. 이때, DNA 크기를 알 수 있도록 100 bp ladder를 동시에 전기영동한다. VT1 유전자는 180 bp, VT2 유전자는 255 bp에서 반응생성물을 확인할 수 있다. 베로독소 유전자인 VT1 또는 VT2 유전자가 확인된 것은 장출혈성 대장균이 검출된 것으로 판정한다.

※본 실험법은 식품공전을 토대로 작성하였다.

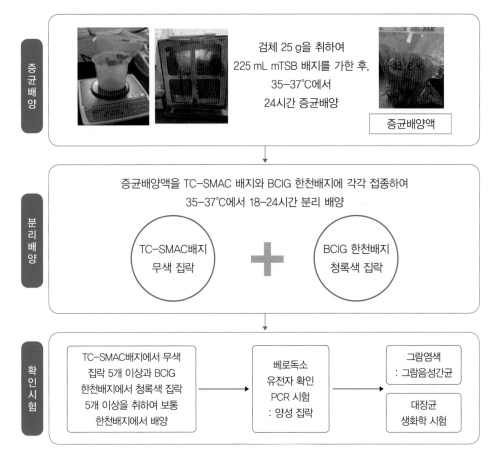

그림 7-8 전통적 방법에 의한 장출혈성대장균 시험법

실험 목적	시판되고 있는 키트(Reveal 2.0 for *E. coli* O157:H7 Kit)의 사용법을 익히고, 병원균의 오염 여부를 신속하게 확인한다.
배경 및 원리	*E. coli* O157:H7은 대표적인 장출혈성 대장균으로 치사율이 매우 높은 식중독균이다. *E. coli* O157:H7은 1982년 미국에서 덜 익힌 햄버거에 의한 식중독 사고로 처음 알려진 후 매년 2만여 명의 환자가 발생하고, 250명이 사망하고 있다. 1996년 일본에서는 한 번에 9,451명의 환자가 발생하고 12명이 사망했으며, 우리나라에서 유통되는 식품에서도 빈번하게 검출되어 소비자의 불안이 가중되고 있다.

식품의 장출혈성대장균의 전통적인 검사법은 증균배양 후, 베로독소 유전자 확인 시험을 실시한다. 베로독소 유전자가 확인된 경우에는 반드시 순수 분리하여 베로독소 유전자 보유 유무를 재확인한다. 베로독소가 확인된 집락에 대하여 생화학적 검사를 통하여 대장균으로 동정된 경우 장출혈성대장균으로 판정한다.

E. coli O157:H7 검출 과정이 복잡하고 검출시간이 4일 이상 소요되는 전통적인 방법의 단점을 보완한 신속 검출 키트가 개발되어 판매되고 있다. 상용 검출 키트를 사용하는 경우, PCR 분석과 생화학적 방법을 거치지 않고 빠른 시간에 결과를 확인할 수 있으므로, 식품을 취급하는 기업에서 식품의 안전성 확보를 위한 방법으로 많이 사용하고 있다.

Reveal 2.0 for *E. coli* O157:H7 Kit은 AOAC 공인 시험법으로써, 검출 소요 시간이 12-20시간 정도이기 때문에 신속하게 검출이 가능하다. 또한 키트에는 시험에 필요한 모든 재료와 도구가 함유되어 있으므로 간편하게 측정할 수 있는 장점이 있다.

재료 및 도구	− 시험 시료: 간 쇠고기 − 도구: 스토마커(stomacher), 스토마커용 멸균백(stomacher bag), 저울, E. coli O157:H7 kit(Neogen 배지; sample cup, test device, spoid 등) − 기타: 멸균수, 피펫(pipette), 피펫팁(pipette tip)

실험 방법

1. 시료의 준비

검체 25 g을 취하여 스토마커용 멸균백에 넣고, 325 mL의 멸균수와 Neogen배지 (reveal 2.0 E. coli O157 배지)를 가한 후, normal cycle에서 2분간 균질화한다.

2. 증균배양

균질화한 시료가 든 스토마커용 멸균백에 공기를 채워서 밀봉 후, 42℃에서 12-20시간 증균배양한다.

3. 확인 시험

증균배양한 시험용액 100 μL를 취하여 키트에 포함된 sample cup에 넣은 다음, promote 시약(red cap)을 1방울 떨어뜨리고, *E. coli* O157:H7 시험용 test devices를 주입하여 42℃에서 15분간 항온한 후, test devices의 반응을 확인하고 판독한다.

4. 결과 판정

판독용 test device에 두 줄의 붉은 선이 생성되면 양성으로 판정하고, 1줄의 붉은 줄이 생성되면 음성으로 판정한다.

5. 보충 시험

증균배양액을 평판배지에 도말하여 생성된 집락의 특성을 확인한다.

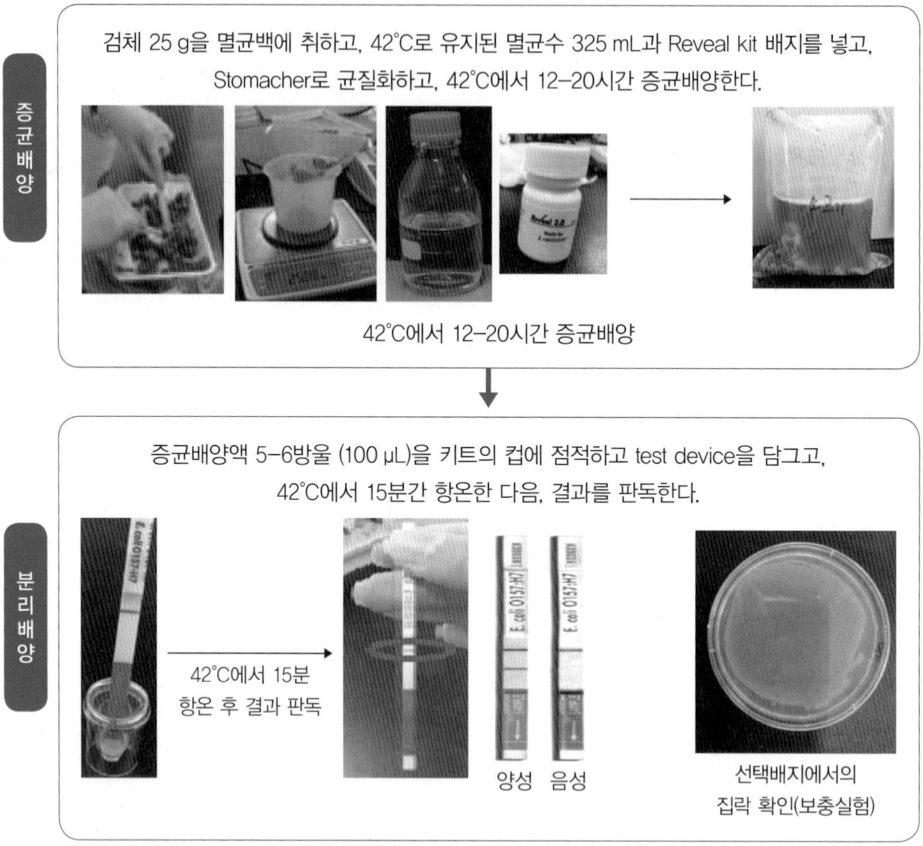

검체 25 g을 멸균백에 취하고, 42℃로 유지된 멸균수 325 mL과 Reveal kit 배지를 넣고, Stomacher로 균질화하고, 42℃에서 12-20시간 증균배양한다.

증균배양

42℃에서 12-20시간 증균배양

증균배양액 5-6방울 (100 μL)을 키트의 컵에 점적하고 test device을 담그고, 42℃에서 15분간 항온한 다음, 결과를 판독한다.

분리배양

42℃에서 15분 항온 후 결과 판독

양성   음성

선택배지에서의 집락 확인(보충실험)

그림 7-9 신속 검출 키트를 이용한 *E. coli* O157:H7 검출 시험법

CHAPTER 8

식품안전 및
HACCP 적용을 위한
위생 검사

1. 식품안전 및 HACCP 적용을 위한 위생 검사

해썹(HACCP)을 적용하려는 업체의 영업자는 식품위생법 등 관련 법적 요구사항을 준수하면서 위생적으로 식품을 제조·가공·조리하기 위한 기본시스템을 갖추기 위하여 작업기준 및 위생관리기준을 포함하는 선행요건 프로그램을 먼저 개발하여 시행해야 한다.

HACCP의 선행 요건 프로그램이란 제품 생산의 각 공정에서 식품안전성 확보를 위해 수립된 위생관리 운영 조건이나 절차를 의미하는 것으로써, 식품위생법 등 관련 법적 요구사항을 준수하면서 위생적인 식품생산을 위한 시설 및 설비의 위생관리에 적용되는 우수제조기준(GMP, good manufacturing practice)과 개인 위생관리, 장비 및 용수의 위생관리 등에 적용되는 표준위생관리기준(SSOP, Sanitation standard operating procedure)을 이행하는 기반 위에서 추진되어야 한다.

선행요건프로그램에 포함되어야 할 사항은 영업장·종업원·제조시설·냉동설비·용수·보관·검사·회수관리 등 영업장을 위생적으로 관리하기 위해 기본적이고도 필수적인 위생관리 내용이며, 식품안전관리인증기준(제정: 보건복지부 고시 제1996-

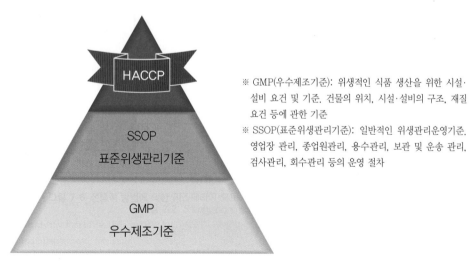

※ GMP(우수제조기준): 위생적인 식품 생산을 위한 시설·설비 요건 및 기준, 건물의 위치, 시설·설비의 구조, 재질 요건 등에 관한 기준
※ SSOP(표준위생관리기준): 일반적인 위생관리운영기준, 영업장 관리, 종업원관리, 용수관리, 보관 및 운송 관리, 검사관리, 회수관리 등의 운영 절차

그림 8-1 HACCP 시스템의 선행 요건

75호)에는 영업장관리, 위생관리, 제조·가공 시설·설비관리, 냉장·냉동 시설·설비관리, 용수관리, 보관·운송관리, 검사관리 및 회수관리의 기준을 수립하고 준수하도록 하고 있다.

1) 식품안전 및 HACCP 적용을 위한 위생관리의 범위

① **작업장 위생관리**: 작업장 내부의 공기 관리

② **시설·설비 위생관리**: 시설·설비의 세척·소독 방법

③ **작업자 위생관리**: 구역별 작업자의 출입절차 및 복장 착용 관리

④ **공정 위생관리**: 공정 중 이물관리

⑤ **방충·방서 위생관리**

⑥ **폐기물 관리**

⑦ **용수관리**: 상수도와 먹는 물 수질기준에 적합한 지하수

2) 식품안전 및 HACCP 적용을 위한 검사관리

① **시험검사관리**: 입고검사, 공정품검사, 완제품검사, 환경검사

② **작업장의 청정도 유지를 위한 검사**: 공중낙하세균 등을 측정·관리

③ **작업장 및 설비의 세척·소독 주기의 적정성을 확인하기 위한 환경검사**: 공중낙하균 검사와 표면 오염도 검사

④ **작업자 위생관리**: 작업자 손의 표면 오염도 검사, 작업자가 사용하는 위생복장 (앞치마, 위생(장)화 등)의 표면 오염도 검사 등

실험 목적	공기 중에 분포하고 있으며 식품에 낙하할 수 있는 진균 및 세균의 종류와 수를 검사하여 식품 취급 환경의 진균 및 세균 오염도를 측정한다.
배경 및 원리	우리가 생활하는 공간에도 많은 수의 미생물이 존재하고 있다. 특히 곰팡이의 포자는 가볍고 건조에 강해 공기 중에도 많이 분포하고 있으며, 바람에 의해 분산되어 식품을 취급하는 도구나 기기에 낙하되어 직·간접적으로 식품이 오염될 수 있다. 곰팡이의 포자는 생육에 적합한 환경을 만나면 발아하여 균사가 되고, 균사는 계속 증식하여 균사체와 자실체를 형성하고, 다시 포자를 착생하는 생활사를 가지고 있다. 따라서 식품을 취급하는 공간의 공기 중 곰팡이 포자가 식품에 낙하하여 증식한다면, 식품의 부패를 초래하거나 곰팡이 독소 생성 등의 문제를 일으킬 수 있다.
	세균 또한 공기 중의 먼지나 수증기 등에 부착되어 생존하고 있으며, 지표면으로 낙하하여 직접적으로 식품을 오염시키거나, 간접적으로 도구나 용기에 부착하여 2차 오염을 일으킬 수 있다.
	따라서 식품 제조·가공·조리 공정 중 공기 중에 부유하고 있는 미생물에 의한 오염방지를 위해 식품 취급 환경의 위생관리를 해야 하며, 낙하진균 검사 및 낙하세균 검사를 통해 청정도를 관리할 필요가 있다.
	공중낙하 미생물 검사 방법은 미생물의 증식이 가능한 평판 한천배지를 일정 시간 동안 대기 중에 노출시킨 후, 이를 배양시켜서 생성된 집락 수를 측정하여 시간당 일정 공간의 미생물수를 평가할 수 있는 간단한 방법이 많이 사용되고 있다.
재료 및 도구	– 배지: 진균용 평판배지(potato dextrose agar; PDA), 세균용 평판배지(plate count agar; PCA)
	– 기기 및 도구: 항온배양기(incubator), 무균작업대(clean bench), timer, 유성펜

실험 방법

1. PDA 및 PCA 평판배지 뚜껑에 시험 일자, 장소, 성명 등을 기재한다.
2. 검사하려는 장소에 각각 평판 배지 3매의 평판 뚜껑을 열어 15분간 방치하고, 평판 뚜껑은 무균작업대 (clean bench)에 보관한다.
3. 평판 뚜껑을 닫고 뒤집어서 진균은 25℃에서 5-7일 배양, 세균은 35℃에서 2일 배양한 다음, 3매에 각각 생성된 집락을 계수하고 평균을 구한다.
4. 결과는 'CFU/plate, 15 min' 또는 'CFU/15 min, 90' 방식으로 표기한다.

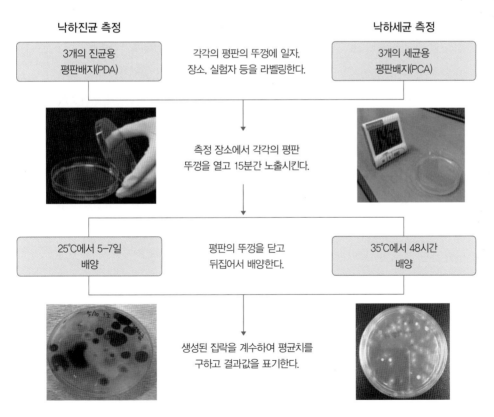

그림 8-2 평판을 이용한 공중낙하진균 및 낙하세균 검사

실험 목적	건조필름을 이용하여 식품에 낙하하여 오염을 일으킬 수 있는 낙하진균을 검사함으로써 식품을 취급하는 환경의 공기 오염도를 측정한다.
배경 및 원리	식품을 취급하는 공간의 공기 중에 분포하는 곰팡이 포자가 식품에 낙하하여 증식 시 식품의 부패를 초래하거나 곰팡이 독소 생성 등의 문제를 일으킬 수 있으므로, 식품의 제조·가공·조리 공정 중 오염방지를 위해 공중낙하진균 검사를 하여 청정도를 관리할 필요가 있다.

건조필름을 이용한 공중낙하진균 검사는 진균 증식이 가능한 배지로 만들어진 건조필름을 멸균생리식염수로 겔화시킨 다음, 일정 시간 동안 대기 중에 노출시킨 후, 이를 배양시켜서 생성된 집락수를 측정하여 시간당 일정 공간의 진균수를 평가할 수 있는 간단한 방법이다.

효모와 곰팡이용(Yeast and mold; YM) Petrifilm 배지 성분은 potato dextrose, antibiotics, 5-bromo-4-chloro-3-indoxyl phosphate(BCIP) 지시약을 함유하고 있다. 모든 생명체는 phosphatase 효소를 가지고 있으며, 이 효소가 존재할 때 효모/곰팡이용 건조필름(Petrifilm)배지의 지시약은 활성화되어 효모는 파란-녹색, 곰팡이는 다양한 자체색의 집락을 형성한다.

재료 및 도구	– 배지: 진균 측정용 건조필름(YM Petrifilm) – 기기 및 도구: 무균작업대(clean bench), 항온배양기(incubator), 피펫(pipette), 피펫팁(pipette tip), 누름판, 멸균생리식염수(0.85% NaCl 용액)

실험 방법

1. 진균용(YM) 건조필름에 라벨링을 한다.
2. 무균작업대(clean bench)에서 건조필름의 커버를 열고, 건조필름배지에 멸균생리식염수(0.85% NaCl)

1 mL를 수직으로 떨어뜨린다. 필름 커버를 천천히 덮고 그 위에 누름판을 눌러 건조배지를 겔화시키기 위해 30분간 기다린다.

3. 겔화된 건조필름을 검사하려는 위치(작업대) 위에 필름 뚜껑을 열어둔 채로 15분간 방치한다(핀으로 고정 가능).

4. 필름 커버를 덮고 25℃ 항온배양기에서 5-7일 배양한 후, 집락수를 계수한다.

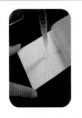

3매의 진균용 건조필름(YM)에 시험일자, 장소, 실험자를 기재한다.
건조필름 커버를 열고, 멸균 생리식염수 1 mL을 배지 중앙에 수직으로 떨어뜨린다.

필름커버를 천천히 덮고 누름판을 눌러 고정시킨 다음, 30분간 건조배지를 겔화시킨다.

겔화된 3매의 건조필름 커버를 열어고정시키고, 원하는 장소에 15분간 노출한다.

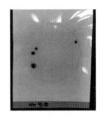

공기 중에 노출시킨 필름은 25℃에서 5-7일 배양한 다음, 생성된 집락수를 계수하고 3매의 평균치를 구한다.

그림 8-3 건조필름을 이용한 공중낙하진균 검사

실험 목적

Hand plate를 사용하여 손의 황색포도상구균과 일반 세균을 확인함으로써, 식품 취급자 손의 위생 상태를 측정한다.

배경 및 원리

사람의 피부에 서식하고 있는 상재성 세균은 독소형 식중독균인 황색포도상구균(*Staphylococcus aureus*)이 대표적이며, 비상재성 세균은 식재료인 농수축산물을 다룰 때 손에 오염될 수 있는 *Campylobacter, Klebsiella, Proteus, Yersinia* 등과 화장실 사용 시 손에 오염될 수 있는 분변 유래의 *Salmonella* spp., *Shigella* spp., *Staphylococcus* spp., *E. coli, Clostridium perfringens* 등이 있다. 따라서 식품 취급자의 손은 식재료 오염의 중요한 원인으로써, 많은 세균을 식품으로 전달하는 매개체 역할을 한다. 그러나 일상적인 활동에 의해 손에 옮겨진 비상재성 세균은 물과 비누를 사용한 손세척이나 손소독제 사용에 의해 쉽게 제거될 수 있으므로, 손 씻기와 같은 개인 위생 관리는 미생물 감염이나 식중독 예방을 위한 중요한 단계이며, 손의 위생 검사는 식품위생에서 필수적인 항목이다.

손의 위생 상태를 검사하는 방법에는 Hand plate법(Impression법), ATP 측정법, Swab kit법 등이 있다. 손의 미생물 오염도를 간편하게 측정하는데 사용되는 황색포도상구균 검사용 Hand plate는 만니톨 한천배지를 함유하고 있다. 황색포도상구균의 경우, 만니톨을 분해하여 산성을 띠게 되어 집락 주변의 색이 황색인 노란색 집락을 형성하게 된다. 비상재성 세균은 일반 세균 검사용 배지로 만든 Hand plate에서 붉은색의 집락을 형성하게 되고, 세척 전후의 오염도를 확인할 수 있다.

재료 및 도구

Hand plate(황색포도상구균 검사용, 일반 세균 검사용), 항온배양기(incubator), 손세정제

실험 방법

1. 세척 전 손의 위생 검사

① Hand plate의 뚜껑을 열고, 손바닥 전체를 키트 표면에 5-10초 동안 가볍게 접촉시킨 후 손을 뗀다.

② 뚜껑을 닫고 검사 일시, 작업자 이름 등을 기입 후, plate를 뒤집어서 30-37℃ 항온배양기에서 12-24시간 배양한다.

③ 배양 후 세균 집락의 색깔과 집락수를 측정한다.

2. 세척 후 손의 위생 검사

수돗물 또는 손세정제로 손을 세척한 다음, 손을 건조시킨 후 손바닥 전체를 Hand plate에 접촉하고, 세척 전 손의 위생 검사와 같은 방법으로 검사한다.

※ Hand plate 배지를 배양할 때는 수분 생성에 의한 집락의 확산 방지를 위하여 반드시 뒤집어서 항온배양기에 넣어야 한다.

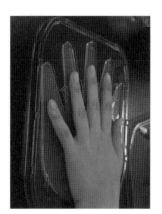

황색포도상구균용   일반세균용

그림 8-4 Hand plate를 이용한 손의 위생 검사

실험 목적	ATP 측정 장치를 이용한 식품 취급 기기 및 도구의 표면 오염도를 확인한다.
배경 및 원리	식품가공 환경 및 식품과 접촉하는 도구의 표면은 깨끗해 보이지만 실제로는 미생물에 심각하게 오염되어 있을 수도 있기 때문에 주기적으로 식품 취급 기기 및 도구의 오염도를 측정하여 청결한 상태를 유지해야 한다. 특히 병원성 미생물의 오염은 치명적인 결과를 초래할 수 있으므로, 세척과 살균을 철저히 하여 예방할 필요가 있다.

표면 오염도를 측정하기 위해서는 표면에 부착되어 있는 미생물을 액상으로 분리하여 오염도를 측정해야 한다. 표면 오염도 측정방법에는 기기 및 도구의 표면으로부터 분리한 미생물을 배양하여 직접적으로 미생물수를 측정하거나, 간접적인 방법으로 미생물 오염도를 측정하는 방법이 있으며, swab kit를 사용한 오염도 검사법(면봉법)과 ATP 측정 장치를 이용한 ATP 측정법 등이 널리 사용되고 있다.

ATP 측정법은 간편하고 신속하게 오염도를 측정할 수 있는 방법으로써 생물의 ATP 양을 빛의 양으로 측정하여 환산하는 방법이다. ATP 측정 장치는 반딧불이 곤충의 발광기에서 추출한 루시퍼라제(luciferase) 효소와 기질인 루시페린이 살아있는 세포의 ATP와 반응했을 때 AMP로 변화하면서 발생하는 빛의 양을 측정하여 미생물 오염도를 나타내는 장치이다. 또한 세포가 가지고 있는 ATP 양은 효소 반응에 의한 발광된 빛의 량과 비례 관계에 있으므로, luminometer로 빛의 양을 측정하여 오염된 미생물의 양으로 간주하며, Relative Light Units(RLU)으로 나타낸다.

ATP 측정 장치는 일반적으로 식품의 미생물 오염도 측정보다는 식품산업에서 사용되는 도구의 표면 오염에 대한 신속한 모니터링 수단으로 매우 유용하게 사용되고 있다. ATP 양으로 측정되는 식품, 즉 유기물 잔재는 그 자체가 미생물의 증식원이 될 수 있기 때문에 식품을 포함한 미생물의 표면 오염도는 식품위생에서 매우 중요한 기준이다. 표면오염도를 나타내는 ATP 측정값에 대한 위생기준은 법적으로 정해져 있는 것이 아니라 ATP 측정 장치 제조사별로 기준치를 제시하고 있다. 일본의 경우 2004년 일본식품위생협회에서 발표한 〈식품위생검사지침 미생물편〉과 일본건강센터(Japan Health Center, governmental organization)에서 제시한 가이드라인(표 8-1)에 따라 일본 Kikkoman

회사 제품에 적용하고 있으며(표 8-2), 미국의 3M 제품과 국내 생산 ATP 측정기에 대한 기준도 각각 〈표 8-4〉와 〈표 8-5〉에 제시되어 있다. 따라서 ATP 측정장치는 조리도구 및 가공 기기 등의 표면오염도검사, 손의 위생검사, 살균 및 소독, 세척 등의 위생점검 항목의 적합성 여부를 판단하기 위한 ATP 측정값에 대한 목표 기준치를 설정하여 자체점검용으로 간편하게 활용할 수 있으며, 전국 관공서(시, 도, 구청)의 위생과, 보건소, 집단급식소, 어린이급식지원센터 등의 기관에서도 널리 사용되고 있다.

$$Luciferin + O_2 \xrightarrow{\text{luciferase}} Oxyluciferin + CO_2 + light$$

$$ATP \nearrow AMP + Pi$$

| 재료 및 도구 | – 기기 및 도구: 도마, 식기, 칼 등의 도구, ATP 측정 장치(luminometer), 전용 펜 |

실험 방법

1. ATP 측정 장치 전용 펜의 면봉을 꺼내어 물에 가볍게 적신다.
2. 측정하려는 도구 표면의 일정 면적(표의 검사 방법 참조)을 전용 펜의 면봉으로 골고루 swab한 다음, 펜의 본체에 다시 넣는데 딸깍 소리가 날 때까지 밀어 넣는다.
3. 면봉을 삽입한 펜은 하단의 분말 시약과 반응시키기 위해 좌우로 흔들어서 효소의 기질이 녹아 액상이 되면, ATP 측정 장치에 펜을 삽입한다.
4. 본체 전면의 enter 버튼을 누르고 10초 후에 나타나는 숫자를 오염도(RLU)로 표기한다.

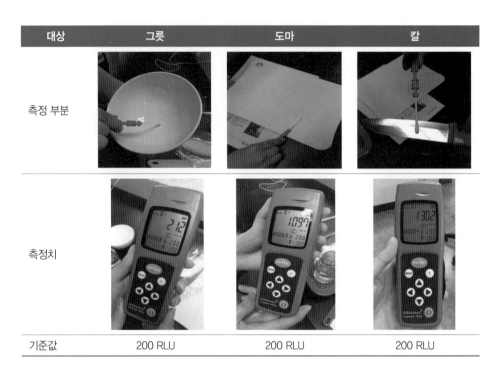

대상	그릇	도마	칼
측정 부분			
측정치			
기준값	200 RLU	200 RLU	200 RLU

그림 8-5 표면 오염도 측정의 예

표 8-2 일본의 ATP 측정값에 대한 기준치 설정 가이드라인

검사 대상	검사 대상의 예	권장 기준치 (가이드라인)
Smooth surface (easy to clean)	스테인리스, 유리, 금속 등	200 RLU 이하
Not smooth surface (not easy to clean)	플라스틱, 고무 등	500 RLU 이하
Hands and fingers	손바닥과 손가락 사이	1,500 RLU 이하

출처: Japan Health Center, governmental organization

표 8-3 일본의 ATP 측정값에 대한 기준치 설정 가이드라인

검사 방법	기준치 (RLU)	검사 방법
칼	200	칼날 양면 전체(손잡이 부분 제외)를 swab한다.
도마	200	사용이 가장 빈번한 중앙 부분 10×10 cm를 골고루 swab 한다.
국자, 주걱 등의 조리 도구	200	굴곡진 부분을 중점적으로 swab한다.
그릇, 컵 등의 용기류	200	굴곡진 부분을 중점적으로 swab한다.
식품 취급자 손	1,500	손바닥 전체를 가로 세로로 5-10회 왕복, 손가락 사이, 손톱 밑 포함 swab한다.
각종 손잡이(냉장고, 출입구, 계산대 등)	1,500	손잡이 안쪽과 바깥쪽을 모두 swab한다.

출처: 비엔에프코리아(http://bnfkorea.net)

표 8-4 Clean Trace Luminometer(3M ATP 측정기, USA)의 측정값에 대한 기준치

검사 대상	기준치 (RLU)			검사 방법
	안전	주의	오염	
칼(칼날)				칼날 양면 전체 (손잡이 부분 제외)를 swab한다.
도마(일반용)	<150	151-299	>300	사용이 가장 빈번한 중앙 부분 10×10 cm 골고루 swab 한다.
국자				국자 안쪽과 바깥쪽, 손잡이
주걱				양면 모두
도마(생선회 용)	<300	301-599	>600	10×10 cm 기준으로 전 방향
젓가락 손잡이				손이 닿는 모든 부분
수세미				수세미 한쪽 표면
식품 취급자 손	<1,000	1001-1999	>2,000	손바닥, 손가락, 손톱 부분 swab

출처: 세니젠(http://www.sanigen.co.kr)

표 8-5 ATP 측정기 Clean-Q(텔트론, korea) 측정값에 대한 권장 기준치

검사 대상	기준치 (RLU)			검사 방법
	안전	주의	오염	
칼	50	51–99	100	칼날 부분과 칼등 부분
도마				도마의 중앙부/구석 부분 10×10 cm
국자, 주걱				손잡이 부분과 국자, 주걱의 하단부
숟가락, 젓가락				수저 손잡이나 수저 하단부
컵				내부 벽면과 바닥면/외부 벽면 부분
조리자의 손				손바닥, 손등, 손가락 사이, 손톱 밑
조리자 위생복				위생복 바깥쪽 면 중앙부/구석 부분 10×10 cm
조리대	100	101–199	200	조리대 구석 부분 10×10 cm
냉장고 내부				내부 문틈 및 구석 부분 10×10 cm
수세미				세척한 수세미의 물기 짜낸 뒤 10×10 cm
행주				세탁 및 건조 후의 행주 10×10 cm
냉장고 손잡이	200	201–299	300	손잡이 바깥 부분과 안쪽 부분 10×10 cm
쟁반				쟁반의 구석 부분 10×10 cm
출입문 손잡이				출입문 손잡이 전체 10×10 cm

출처: 텔트론(http://www.teltron.com)

Colilert 정성검사용 키트를 사용한 식품 취급 용수의 위생 검사

실험 목적

식품 취급 용수의 위생지표균인 대장균군 오염 여부를 신속하게 판정하기 위한 Coliert 정성검사용 키트의 사용법과 결과 판독법을 익힌다.

배경 및 원리

식품으로서 물은 음용에 적합한 기준을 충족해야 하며, 식품산업에서 기구나 설비, 도구 등의 세척에 사용하는 용수 또한 수돗물이나 '먹는 물 관리법' 제5조의 규정에 의한 먹는 물 수질 기준에 적합한 지하수이어야 한다. 지하수를 사용하는 경우에는 오염되지 않은 물을 사용하도록 하며, 먹는 물 수질 기준의 전 항목에 대하여 연 1회 이상 검사해야 한다. '먹는 물 수질 기준'에 정해진 미생물학적 항목에 대한 검사는 월 1회 이상 실시해야 하며, 미생물 항목에는 일반 세균, 대장균, 대장균군, 분변성 대장균군이 포함된다.

미생물 검사는 간이검사 키트를 이용하여 자체적으로 실시할 수 있다. 환경부에 등재된 먹는 물 수질공정시험법(2007)에 기록된 간이 분석 키트 중에서 Colilert 키트는 효소 발색법을 이용하는 방법이다. 총대장균군 및 대장균 또는 분원성 대장균군을 총대장균군이 분비하는 갈락토스 분해효소에 의해 기질이 분해되어 발색하는 원리에 의해 정성 또는 정량적으로 검사할 수 있다.

대장균군의 특징은 β-D-galactosidase 효소를 생성하여 발색기질인 O-nitrophenyl-β-D-galactopyranoside(ONPG)를 가수분해하고 황색의 nitrophenol을 생성하므로 색이 무색에서 노란색으로 변화한다. 한편, 대장균(*E. coli*)의 경우, 대장균종에서만 생성되는 β-glucuronidase 효소에 의해 4-methyl-umbelliferyl-β-D-glucuronide(MUG)가 가수분해되어 형광성 물질을 생성하는 원리를 이용하여 대장균을 동시에 검출할 수 있다.

Colilert 시험은 시험 시료를 35±0.5℃에서 24시간 배양한 후 대장균군이 양성인 시료는 황색으로 변하고, *E. coli* 양성 시료는 어두운 곳의 장파장 자외선 광선 하에서 형광을 발산한다. 형광을 관찰할 수 없으면 대장균 음성으로 판정한다.

재료 및 도구

− 시료 및 시약: 시험용 용수, Colilert reagent

− 기기 및 도구: 채수병(100 mL)

실험 방법

1. 시험용 용수를 채수병의 눈금까지 채운다(100 mL).

2. 앰플에 있는 시약을 시험 용수에 넣고 잘 혼합한다.

3. 35±0.5℃에서 24시간 배양하고, 배양 결과 나타나는 배양액의 색을 관찰하여 대장균 군 또는 대장균의 오염 여부를 판독한다.

4. 시료가 황색으로 변하면 대장균군 양성이며, *E. coli* 양성 시료는 어두운 곳의 장파장 자외선 광선 하에서 형광을 발산한다. 형광을 관찰할 수 없으면 대장균 음성으로 판 정한다.

5. 모든 시험은 음성대조구 시험을 동시에 실시하여 음성대조구 시험 결과가 '음성'으로 나왔을 경우에만 유효한 결과값으로 판정한다.

결과 표기

먹는 물 시험 결과는 총대장균군이 검출되지 않으면 '불검출/100 mL', 검출되면 '검 출/100 mL'로 표기한다.

그림 8-6 Colilert를 이용한 수질검사: 대장균군 검사

표 8-6 Colilert를 이용한 수질 검사: 대장균군 검사

배양액의 색	결과 판독
무색	대장균군 음성
노란색	대장균군 양성
노란색/UV 하에서 형광	대장균 양성
노란색, 44℃ 배양 결과	분변성 대장균군 양성

김영권, 김태운, 김신무, 김영자, 정경석 외(2009). 최신 미생물학 실험. 고려의학

민경희 외 5인 역, Difco & BBL Manual(한국어판), Manual of Microbiological Culture Media, 2nd Ed. 2013. BD Diagnosis-Diagnostic Systems, MD, 주식회사 바이오사이언스

장태용 외 4인 역(2018), Talaro, 미생물학 길라잡이 제10판, 라이프사이언스

홍재훈(2012), 식품미생물학 실험서, 보문각

Cappuccino, J.G., & Welsh, C.T. (2016). Microbiology: A laboratory manual. Pearson.

Centers for Disease Control and Prevention(CDC). (2015). Surveillance for foodborne disease outbreaks, United States, 2013, annual report. Atlanta, Georgia: US Department of Health and Human Services.

Harrigan, W.F., & McCance, M.E. (2014). Laboratory methods in microbiology. Academic press.

웹사이트

비엔에프 bnfkorea.net

세니젠 www.sanigen.co.kr

식품공전, 식품의약품안전처 www.foodsafetykorea.go.kr/foodcode/01_01.jsp

식품안전나라 www.foodsafetykorea.go.kr

식품위생법 법령·자료, 식품의약품안전처 www.mfds.go.kr/index.do

텔트론 www.teltron.com

한국식품안전관리인증원 www.haccpkorea.or.kr

저자 소개

정동선
Oregon State University 식품미생물학 박사
서울여자대학교 식품공학과 교수
농림축산식품부 식품공학기술심의위원
국제산업표준 ISO TC34 미생물분과 위원 역임

김수연
서울여자대학교 식품미생물학 박사
서울여자대학교 초빙강의교수
(주)BIFIDO 기술이사 역임
목원대 바이오건강관리학과 겸임교수 역임

오영지
서울여자대학교 식품미생물학 박사
서울여자대학교 초빙강의교수
서울대학교 식품바이오융합연구소 연구교수
을지대학교 바이오융합대학 식품생명공학교수

HACCP 적용을 위한

식품미생물 실험

2019년 2월 18일 초판 인쇄 | 2019년 2월 25일 초판 발행

지은이 정동선, 김수연, 오영지 | **펴낸이** 류원식 | **펴낸곳 교문사**

편집부장 모은영 | **디자인** 신나리 | **본문편집** 벽호미디어

제작 김선형 | **홍보** 이솔아 | **영업** 이진석·정용섭·진경민 | **출력·인쇄** 삼신인쇄 | **제본** 한진제본

주소 (10881) 경기도 파주시 문발로 116 | **전화** 031-955-6111 | **팩스** 031-955-0955

홈페이지 www.gyomoon.com | **E-mail** genie@gyomoon.com

등록 1960. 10. 28. 제406-2006-000035호

ISBN 978-89-363-1811-6(93590) | 값 18,000원